Energía.
Una inmersión rápida

Una inmersión rápida es una colección dirigida por Ferran Requejo, catedrático de ciencia política en la Universidad Pompeu Fabra.

El estilo de la colección combina rigor y divulgación. Está orientada a todas aquellas personas que deseen introducirse o profundizar en temas actuales sobre ciencia, filosofía, humanidades y ciencias políticas y sociales.

Carles Riba Romeva

ENERGÍA

Una inmersión rápida

Tibidabo Ediciones
Barcelona

Tibidabo Ediciones, SA – Tibidabo Publishing, Inc. Barcelona – New York

Tibidabo Ediciones, SA cuenta con oficina en Barcelona y en Nueva York a través de Tibidabo Publishing, Inc. En el mercado de habla castellana publica principalmente la colección *Una Inmersión Rápida* y en el mercado de habla inglesa *A Quick Immersion Series*. También publica otras colecciones como *Actualidad* o *Topical Current Affairs Books*.

La colección *Una Inmersión Rápida* ganó el Premio LAUS 2020 de Bronce al diseño de cubiertas de libro o revista.

Energía. Una Inmersión Rápida

Calle Muntaner, 479
08021 Barcelona
Teléfono: +34 932 126 946
Correo electrónico: tibidabo@tibidaboediciones.com

Impreso en Gráficas Rey, Barcelona
Diseño de cubierta: Raimon Guirado
Maquetación: Joan Alonso
Traducción: Júlia Moll Cerdà
Corrección lingüística: Aliena Laorden

Colección: Una inmersión rápida
Primera edición: Octubre de 2024

ISBN: 978-84-19683-84-7
Depósito legal: B 10237-2024

MIXT Paper FSC® C131084

La traducció d'aquesta obra ha disposat d'un ajut de l'Institut Ramon Llull.

Traduït del català per: Júlia Moll Cerdà.

institut ramon llull

Índice

Llista de tablas e ilustraciones

A las nuevas generaciones

Presentación

¿Por qué escribir un libro sobre energía?

La energía se ha convertido en un tema central en nuestras vidas que todos mencionamos constantemente. Es lo que impulsa todos los procesos de la naturaleza y hace posible todas nuestras acciones. Sin embargo, es un concepto poco comprendido que, como veremos más adelante, se ha configurado y consolidado recientemente en el contexto histórico y apunta hacia los principios unificadores de las ciencias.

El primer capítulo de este libro aborda el concepto de energía desde las tres perspectivas que más nos interesan como seres humanos: la perspectiva científica, la perspectiva tecnológica y la perspectiva socioeconómica.

Podría haberme limitado a describir la energía desde estas tres perspectivas, pero he querido adoptar una actitud más comprometida. En efecto, en la actualidad, la humanidad se encuentra en un punto de inflexión donde falla la energía de los combustibles fósiles que ha permitido el gran desarrollo de los últimos 200 años, ya sea porque estos recursos finitos están en declive o debido a la necesidad de no emitir más gases de combustión a la atmósfera, que son la causa del grave cambio climático.

El contenido de este libro, por lo tanto, pretende aportar elementos de reflexión para una alternativa que, desde la perspectiva actual, no puede ser otra que la transición hacia las fuentes energéticas renovables; es decir, volver a depender de la energía que recibimos del Sol cada día (en lugar de la energía acumulada del Sol durante millones de años a través de los combustibles fósiles), con la ventaja de que ahora contamos con tecnologías de captación mucho más eficientes que antes de la Revolución Industrial.

Siguiendo este hilo conductor, los capítulos restantes de este libro abarcan los contenidos que se detallan a continuación.

El segundo capítulo trata sobre las metodologías y herramientas para medir y contabilizar la energía.

El tercer capítulo se centra en los usos energéticos de la sociedad actual. Cabe mencionar que en algunos campos de actividad es difícil conocer los datos globales sobre los usos energéticos: en algunos casos, porque no se han establecido indicadores adecuados; en otros casos, porque los usos son difusos y, en general, porque no todos los países tienen servicios de contabilidad con el mismo grado de desarrollo.

Aunque no responden a un mismo criterio de clasificación, se han elegido tres ámbitos significativos por su importancia estratégica y numérica, ya que representan aproximadamente un tercio del sistema energético: la alimentación humana, el transporte y la obtención de materiales. La alimentación agrupa las actividades primarias, industriales y de servicios que aseguran este suministro básico, mientras que el transporte y la obtención de materiales son elementos transversales que inciden en el resto de actividades.

El cuarto capítulo trata sobre la transición energética (en último término, inevitable). A partir de las diferentes características entre las fuentes no renovables del sistema actual y las fuentes del futuro sistema renovable, se constata que nos encontramos frente a un cambio de civilización que requiere nuevos comportamientos, nuevas estructuras tecnológicas y nuevas formas de organización social y política.

Desde dentro del sistema actual, resulta difícil percibir hasta qué punto nuestra civilización (comportamientos humanos, tecnologías utilizadas, formas económicas, legislación) se ha configurado en función de las características y posibilidades que ofrecen los combustibles fósiles. También es difícil percibir cómo esta misma estructuración de la sociedad actual es uno de los obstáculos más importantes para llevar a cabo la transición energética hacia fuentes renovables de características muy diferentes, que presentan algunos inconvenientes, pero también nuevas oportunidades.

Finalmente, el capítulo quinto plantea algunas reflexiones sobre cómo hacer la transición energética. Los primeros apartados se dedican a analizar las sensibilidades de diferentes sociedades según su situación geoestratégica en cuanto a los recursos fósiles, y también a mostrar la percepción sesgada de la mayoría de los usuarios en los países más desarrollados debido a la energía que disfrutan indirectamente a través de los productos y servicios que reciben, así como las implicaciones sobre la energía de la importación/exportación de bienes y servicios.

Este último capítulo acaba planteando diversas alternativas de transición energética según los posibles agentes implicados, así como sus consecuencias. Aunque aún no hemos llegado a un punto crítico, es necesario tener en cuenta que tanto la inacción como las luchas (o guerras) por los últimos recursos fósiles pueden conducir (quizás de forma combinada) al colapso de la civilización. El autor mantiene la esperanza de que la humanidad sabrá encontrar el camino para llevar a cabo la transición energética, que deberá ser exigente y ordenada.

Capítulo 1

Entender la energía

Aunque el término *energía* está en boca de todos y todos somos conscientes de su importancia, el concepto subyacente, a la vez básico pero abstracto, es difícil de definir y, al mismo tiempo, permite interpretaciones desde diferentes perspectivas que a menudo conducen a confusiones.

Para aproximarnos a la energía, nos ha parecido que un buen camino es analizar este concepto desde tres perspectivas que, sin ser contradictorias, delimitan sus posibilidades y sus usos. Concretamente, desde:

1. La perspectiva científica, cuyo objetivo es establecer los modelos matemáticos que expliquen las leyes de la naturaleza por las cuales

se rigen los fenómenos naturales y que la actividad humana no puede alterar. En particular, nos centraremos en las leyes de la conservación y degradación de la energía.
2. La perspectiva tecnológica, que se centra en cómo los humanos podemos utilizar la energía, mediante tecnologías y equipos técnicos adecuados, para cubrir nuestras necesidades sobre la base de establecer el compromiso entre los recursos utilizados y los tiempos necesarios de los procesos.
3. La perspectiva socioeconómica, que se enmarca en los recursos (materias y flujos) que pueden proporcionar la energía necesaria para las necesidades humanas, la ubicación de estos recursos, las formas de obtenerlos y los procesos para transformarlos en formas de energía útil y operable (vectores energéticos) en el lugar y momento adecuados.

El capítulo concluye estableciendo la distinción entre energía y potencia y describiendo las unidades básicas para medir estas magnitudes.

La energía, concepto omnipresente pero incomprendido

El concepto de energía ha invadido nuestras vidas cotidianas y todos percibimos que es esencial tanto para la vida y los medios que la sustentan como para nuestras actividades: producir alimentos, asegurar la calefacción, los usos domésticos de la electricidad, las actividades industriales, los servicios o el transporte.

Sin embargo, la mayor parte de la población y de los dirigentes políticos y económicos, a partir de una comprensión pobre de las leyes que rigen la energía y sus órdenes de magnitud, hacen afirmaciones simplistas que no ayudan en absoluto a enfrentar la inevitable transición a las energías renovables a la que nos aboca la actual crisis energética y climática de los combustibles fósiles. El objetivo de este texto es colaborar en este conocimiento para evitar errores y orientar las acciones hacia caminos viables.

Los humanos tendemos a hacer una cierta analogía entre el dinero, en el ámbito de las acciones económicas y sociales, y la energía, en el ámbito de las acciones físicas. Ambos conceptos son abstractos. El dinero, más allá de las monedas, billetes o créditos, se percibe como la capacidad de llevar a cabo acciones que impliquen recursos y trabajo; de manera similar, la energía, más allá del carbón, el petróleo, la electricidad o la radiación solar, se percibe como la capacidad de realizar acciones físicas, de operar procesos. La diferencia es que, en última instancia, la energía responde a leyes físicas, inalterables, mientras que el dinero responde a relaciones de confianza que los humanos podemos modificar.

Mientras una sociedad disponga de recursos

energéticos abundantes, el dinero se convierte en el principal referente del sistema económico; pero, si los recursos energéticos escasean o fallan, el poder del dinero queda eclipsado por las leyes físicas que gobiernan los recursos energéticos.

Este primer capítulo se inicia con aproximaciones a la energía desde las tres perspectivas que más interesan a los humanos: la científica, que busca definir la energía y establecer las leyes que gobiernan los fenómenos físicos; la tecnológica, que analiza las formas de gobernar la energía para resolver las propias necesidades humanas, y la socioeconómica, que analiza las fuentes energéticas y su localización, así como la obtención y gestión de los vectores energéticos que usaremos en nuestras actividades.

El capítulo continúa con la caracterización de las diferentes formas de la energía desde varios puntos de vista que inciden en su aprovechamiento y gestión. Concretamente, la concentración con relación a la masa implicada, el grado de degradación en las transformaciones, así como las condiciones para el almacenamiento en el tiempo y para la transportabilidad en el espacio.

Más adelante se definen y analizan magnitudes relacionadas con la energía, como la potencia (instantánea y media), las densidades de energía másica y volumétrica o la densidad de potencia, especialmente útil en el análisis de los impactos territoriales que comportan su captación y gestión. También se definen conceptos relacionados con las emisiones de gases de efecto invernadero. A cada concepto se le asocian las unidades de medida más frecuentes y sus equivalencias.

Finalmente, se examinan las energías exteriores que el hombre ha sido (y es) capaz de incorporar en beneficio propio, desde el fuego y la agricultura hasta los combustibles fósiles y las fuentes renovables. En este sentido, es significativo evaluar, para las diferentes civilizaciones —y también para las regiones del mundo actual—, el cociente entre estas energías exteriores incorporadas (exosomáticas) y la energía del mismo cuerpo humano (endosomática), la que interviene en las funciones metabólicas y la reconstrucción de los propios tejidos vivos y que proporciona la capacidad humana de trabajo exterior.

La perspectiva científica. Conservación y degradación de la energía

La perspectiva científica pone el foco en definir el concepto de energía y en establecer las leyes que gobiernan su comportamiento.

La energía está presente en todos los fenómenos de la naturaleza, tanto en los objetos inertes como en los seres vivos. Aunque la energía es subyacente al uso del fuego, a los cultivos para obtener alimentos, a la domesticación de animales para carga o tiro, o al uso de las velas para mover los barcos, desde una perspectiva histórica, los humanos no habían interrelacionado todas estas capacidades entre sí.

Aunque hoy día pueda sorprender, el concepto de energía es relativamente reciente (menos de dos siglos). A finales del siglo XVII, antes de la Revolución Industrial, cuando Newton establecía las leyes de la mecánica clásica, lo hacía sobre la base del concepto de fuerza. El concepto de energía no fue definido en toda su generalidad hasta la segunda mitad del siglo XIX, mucho después de la invención de la máquina de vapor, y no se consolidó en toda su generalidad hasta las puertas del siglo XX. Aún más, ya en el siglo XX, Einstein estableció la relación entre energía y masa a partir de la teoría de la relatividad, lo que lamentablemente se confirmó al final de la Segunda Guerra Mundial con las bombas atómicas lanzadas sobre las ciudades japonesas de Hiroshima y Nagasaki.

Las primeras etapas de la definición de la energía tuvieron que lidiar con la falta de conceptos y vocabulario adecuados, y su elaboración tuvo que transitar un largo camino donde continuamente se entrecruzaron la ciencia y la tecnología, no siempre en este orden. A continuación, se esboza el recorrido histórico que conduce al concepto de energía y a las leyes que lo gobiernan.

La dialéctica entre ciencia y tecnología

Antes de la Revolución Industrial, el carbón mineral ya era conocido en Inglaterra y se utilizaba en los hogares y talleres de los artesanos debido a la prohibición real de quemar la madera para destinarla a la construcción de barcos. Para drenar el agua que se acumulaba en las galerías inferiores de las minas, los mecánicos ingleses Thomas Savery, en el siglo XVII, y Thomas Newcomen, en el siglo XVIII, desarrollaron sistemas de bombeo basados en máquinas de vapor que utilizaban el vapor para convertir el calor en trabajo de elevación del agua; sin embargo, los rendimientos eran muy bajos, inferiores al 1 %.

En 1769, el mecánico escocés James Watt mejoró estos artefactos y patentó la primera máquina de vapor operativa de la historia incorporándole un condensador separado, una transmisión mecánica para obtener un movimiento rotativo y un regulador centrífugo para controlar la velocidad del movimiento. Fue el punto de partida de la Revolución Industrial.

Medio siglo después, en 1824, el ingeniero francés Sadi Carnot formuló el rendimiento máximo teórico que las máquinas térmicas pueden obtener en forma de trabajo mecánico a partir del calor, y que se convertirá en el *segundo principio de la termodinámica*. Este principio pone de manifiesto, por ejemplo, que una máquina térmica que opere entre una fuente caliente a 327 °C y una fuente fría a 27 °C, teóricamente, solo puede transformar como máximo el 50 % del calor en trabajo; en condiciones reales, los rendimientos son aún muy inferiores.

La energía y el primer principio de la conservación

El concepto de energía y el enunciado del *primer principio de su conservación* no llegaron hasta unas décadas más tarde. Previamente, fueron necesarias nuevas investigaciones sobre fenómenos físicos (las reacciones químicas, la electricidad y el magnetismo, la luz y las radiaciones electromagnéticas, el metabolismo de los seres vivos), así como llevar a cabo numerosas medidas sobre los parámetros que definen estos fenómenos y establecer las relaciones entre ellos. En 1841, el médico y físico alemán Julius von Mayer ya intuyó que el calor y el trabajo se convertían el uno en el otro mediante relaciones fijas, y en 1845, el físico británico James P. Joule estableció la equivalencia entre trabajo y calor.

Poco después, en 1847, el médico prusiano Hermann von Helmholtz puso de manifiesto la generalidad y la importancia de la conservación de la energía en todas sus formas (aún usaba el término fuerza, *Kraft*); el uso del término *energía* (en lugar del de *fuerza*) fue propuesto por William Thomson (lord Kelvin) en 1850. Es interesante constatar que, en la generalización del concepto de energía, intervinieron médicos en contacto con los seres vivos. A partir de la segunda mitad del siglo XIX, el concepto de energía se fue generalizando progresivamente.

La mayoría de los diccionarios y enciclopedias definen la energía como la capacidad de un sistema para producir trabajo, una definición que, siendo correcta, refleja la preocupación de los pioneros de la Revolución Industrial por obtener trabajo mecánico a partir de la energía térmica mediante la máquina de vapor. A medida que fueron descubiertos nuevos fenómenos y fueron explorados nuevos campos de la física, el concepto de energía fue emergiendo como aquello que los unifica.

Actualmente, la energía se define como una magnitud cuantificable asociada a todos los fenómenos de la naturaleza y que, en cualquier transformación en un sistema cerrado (bien delimitado y sin intercambios con el exterior), mantiene la suma constante. Esta definición tan simple y abstracta es, al mismo tiempo, más inclusiva. El *primer principio de la conservación* traduce el hecho de que las transformaciones entre diferentes fenómenos de la naturaleza tienen lugar según relaciones constantes bien definidas.

Aún en el camino de comprender la energía, en 1905 Albert Einstein desarrolló la teoría de la relatividad, que establece la equivalencia entre la energía y la masa a través de la ecuación $E = mc^2$, donde m es la masa y c la velocidad de la luz. En las actividades habituales, las transformaciones entre masa y energía no tienen lugar, excepto en los casos en los que se incide en reacciones en los núcleos de los átomos con cambios de masa que son el origen de la energía nuclear.

El segundo principio de la degradación de la energía

Si bien la energía se conserva, no todas las transformaciones son posibles. El *segundo principio de la degradación de la energía* establece que las transformaciones naturales espontáneas tienden hacia estados de mayor desorden (o de mayor probabilidad), y la *entropía* es la magnitud (siempre aditiva) que mide este desorden. El segundo principio señala, por lo tanto, el sentido de las transformaciones espontáneas posibles y su irreversibilidad en los sistemas disipativos.

La formulación del concepto de energía y sus leyes da lugar, en consecuencia, a una aparente contradicción. Por un lado, se enuncia que en todas las transformaciones la energía se conserva (primer principio), pero, por otro lado, en cualquier transformación la energía se degrada (percibimos que pierde su capacidad) y, por lo tanto, hablamos de consumo de energía; de hecho, evoluciona desde formas útiles de energía con capacidad para impulsar acciones hacia otras formas más degradadas sin esa capacidad. Más adelante esto se explica con más detalle.

La perspectiva tecnológica. Compromiso entre recursos y tiempo

Respetando los principios de la física, la perspectiva tecnológica se centra en gestionar la capacidad de los vectores energéticos (o portadores de energía) para controlar los procesos de transformación en un doble sentido: 1) orientarlos a satisfacer las necesidades humanas que, generalmente, implican sistemas de mayor complejidad (más ordenados), y 2) hacer que los procesos sean lo más eficientes posible estableciendo el compromiso entre la rapidez con la que se efectúan las transformaciones (asociada al concepto de potencia) y la minimización de los recursos energéticos necesarios (asociada al concepto de rendimiento).

Aumentar el orden local

El segundo principio de la termodinámica establece que, en cualquier transformación espontánea en un sistema cerrado, la energía se degrada y la *entropía* aumenta. Sin embargo, esto no impide que, localmente, se pueda lograr un sistema más ordenado (donde la entropía local disminuya) si el proceso intercambia energía con un sistema mayor donde el desorden global aumenta, incluyendo la disminución de la entropía local.

Un ejemplo en la materia viva: las plantas, gracias a la energía solar y mediante la fotosíntesis, crean materia viva con una estructura mucho más compleja que la de los componentes que la han formado; una parte de la energía solar se ha incorporado a la planta en forma de energía más ordenada (la entropía disminuye), pero ha sido necesario que una parte mucho mayor de la energía solar se haya degradado (o disipado), de manera que el desorden global y la entropía global han aumentado.

Un ejemplo tecnológico: las bombas de calor, utilizadas en neveras y los aparatos de aire acondicionado, extraen calor de una fuente fría y lo transfieren a una fuente caliente, en contra de la tendencia de los procesos espontáneos. La explicación es que la degradación de la energía eléctrica utilizada para mover el grupo compresor de estas máquinas es mucho mayor (aumento de entropía) que la disminución de entropía que experimenta la energía térmica que pasa de la fuente fría a la caliente; localmente, obtenemos frío en un entorno más cálido (que es lo que nos interesa), pero el desorden y la entropía globales aumentan.

Por lo tanto, es posible obtener una energía local de mayor calidad (más ordenada, con disminución de la entropía) si se acepta que el sistema en el que se inserta experimente una degradación mayor con un aumento global de entropía. Tanto las diferentes formas de vida como la mayoría de los procesos tecnológicos buscan este efecto, como se refleja, por ejemplo, en la fabricación de un chip (sistema con un orden extraordinariamente elevado), que implica el uso y la disipación de una cantidad muy elevada de energía de alta calidad.

Compromiso entre rendimiento y rapidez

La termodinámica clásica estudia las transformaciones de los sistemas físicos en condiciones cercanas al equilibrio donde los parámetros son uniformes en el espacio y sus gradientes en el tiempo son infinitesimalmente pequeños. En estas condiciones teóricas, los procesos son reversibles, no hay degradación de la energía en el conjunto del sistema y se obtienen los rendimientos más favorables posibles, pero también su evolución en el tiempo es infinitamente lenta.

Los procesos termodinámicos reales se producen de forma irreversible fuera de las condiciones de equilibrio en presencia de gradientes finitos de los parámetros (temperaturas, presiones, etc.) tanto en el espacio como en el tiempo. Entonces, los procesos evolucionan en tiempos finitos pero se vuelven irreversibles, y los rendimientos son sensiblemente inferiores a los que se darían en condiciones de reversibilidad.

La termodinámica de los procesos irreversibles evalúa los rendimientos reales. Los términos *disipación* y *degradación* indican la transformación de una parte o la totalidad de una energía útil (más ordenada) en energía térmica ya no útil (menos ordenada). Por lo tanto, cuanto más rápidos son los procesos (es decir, más alejados de las condiciones de equilibrio), menor es el rendimiento y se necesitan más recursos para producir los mismos efectos. En general, las urgencias hacen menos rentables los procesos. Este hecho se manifiesta, por ejemplo, en la gran cantidad de energía que implica la fabricación de un chip, elemento básico de la microelectrónica de un orden extraordinariamente elevado.

En resumen: cuanto mayor es el orden local obtenido en una transformación, mayor es la degradación global en el sistema en el que se inserta (aumenta la entropía global). De la misma manera, cuanto más rápidos son los procesos (y más se alejan del equilibrio), mayor es la degradación del sistema para obtener el mismo efecto (menor es la eficiencia). Las tecnologías trabajan en el gran desafío de establecer el compromiso entre la minimización de los tiempos de las transformaciones (asociada al concepto de *potencia*) y la optimización de los recursos utilizados (asociada al concepto de *rendimiento*).

La economía de las últimas décadas, basada en los combustibles fósiles de intensidades energéticas muy elevadas, ha puesto énfasis en la potencia y en la disminución de los tiempos, pero ha obviado optimizar los recursos. Con las nuevas fuentes de energía renovable (menos intensas y más dispersas), será necesario renunciar a las prisas injustificadas y desplazar este compromiso hacia la optimización de los recursos sobre la base de mejorar el rendimiento de los procesos y promover unos usos adecuados.

La perspectiva socioeconómica. Buscar las fuentes de energía

Una fuente de energía es una materia o un flujo que proporciona energía de forma espontánea, como por ejemplo la radiación solar, los vientos y las corrientes de agua, o bien puede proporcionar una energía muy superior después de una incitación inicial, como es el caso de los combustibles. Los alimentos también son una fuente de energía para los seres vivos.

Es importante no confundir una fuente de energía con un vector energético. Como se acaba de mencionar, una fuente de energía proporciona energía espontáneamente, de forma directa o después de una incitación; en cambio, un vector energético es una forma de energía derivada de otra energía que tiene por objeto facilitar su uso y control.

Ejemplos de vectores energéticos: la electricidad no se encuentra en la naturaleza y debe ser generada a partir de otras fuentes energéticas (combustibles fósiles, energía hidráulica, energía nuclear), pero facilita el uso de la energía (transporte a larga distancia, iluminación, y permite aplicaciones no posibles con las fuentes primarias como la informática o los canales de comunicación); o el hidrógeno, tampoco presente en la naturaleza de forma libre, que se obtiene por electrólisis del agua y que en el futuro sistema energético renovable está llamado a tener un papel importante como vector energético polivalente.

La fuente principal de energía de los primeros homínidos eran los alimentos, a través de la recolección de frutos y la caza de animales; luego se sumó el fuego, con la leña para cocinar los alimentos y resguardarse del frío; la agricultura y la ganadería proporcionaron nuevas fuentes de energía en forma de alimentos y de trabajo de carga o tiro; luego vino el aprovechamiento de los vientos con las velas de los barcos y el impulso de las corrientes de agua con los molinos. La Revolución Industrial fue el inicio de la explotación de los combustibles fósiles a gran escala como nuevas fuentes de energía, que, junto con la energía hidráulica y la energía nuclear (y también la biomasa, especialmente en los países en desarrollo), constituyen las principales fuentes de los sistemas energéticos actuales.

Sobre la agricultura reciente, cabe destacar que está pasando de ser una fuente de energía a ser un vector energético, hecho que queda reflejado en la expresión "comemos petróleo". En las agriculturas poco tecnificadas, los trabajos del campo requerían una energía sensiblemente inferior a la que luego proporcionaban los alimentos; en cambio, en las agriculturas altamente tecnificadas de hoy en día, la inversión energética (fertilizantes químicos, bombeo de agua, maquinaria) se acerca o incluso supera la energía de los productos obtenidos; de ahí el escaso interés en la fabricación de biocarburantes.

La geoestrategia de los recursos energéticos

La geoestrategia analiza el comportamiento de las sociedades y de los países en términos de su posicionamiento y su actuación internacional en relación con los recursos y a los condicionantes geográficos. El suministro de energía siempre ha estado interrelacionado con la geoestrategia.

No todas las regiones del mundo tienen los mismos recursos naturales ni las mismas condiciones para acoger a las sociedades humanas; desde siempre, los humanos han buscado los lugares que les eran más favorables para su supervivencia, y muchas de las migraciones, invasiones y guerras han tenido como elemento de fondo conquistar los espacios geográficos con mejores recursos.

En épocas históricas, la energía se obtuvo en entornos locales: los suelos agrícolas, los pastos, la leña, los vientos, las corrientes de agua. Incluso en las primeras épocas de la Revolución Industrial, las actividades se situaban en las proximidades de las minas de carbón mineral.

Desde la perspectiva geoestratégica, el cambio más transformador se produjo durante la primera mitad del siglo XX, con el despliegue de la economía del petróleo. En efecto, a partir de entonces, el petróleo y sus derivados se han convertido en la principal fuente de energía en todos los rincones de la Tierra gracias a su elevado contenido energético y a la facilidad de transporte a unos costos muy inferiores a los del carbón o del gas natural. Esto se refleja también en el hecho de que es el combustible con el precio internacional por unidad de energía más elevado.

Así, los países que tienen excedentes de petróleo (especialmente los del Golfo Pérsico, Rusia y algunos de África o de América) se han situado en posiciones geoestratégicas más fuertes, mientras que otros países deficitarios (globalmente, Europa y Asia) se encuentran en situaciones más vulnerables.

En ciertas zonas del mundo se han creado redes de gasoductos para aprovechar el gas natural de coste menor que el petróleo (en la costa este de los Estados Unidos, y de Rusia y Argelia a Europa). Recientemente se ha constatado la incidencia que ha tenido la invasión de Rusia sobre Ucrania en el suministro de gas a Europa. A partir de los últimos años se ha creado un mercado internacional de gas natural licuado (LNG), transportado con barcos metaneros, que comporta unos costes energéticos —y económicos— elevados, especialmente debido a los procesos de licuefacción y regasificación.

Ahora, con la crisis energética y climática, estamos a las puertas de otro gran cambio geoestratégico en relación con la energía: es necesario abandonar progresivamente la quema de combustibles fósiles y reemplazarlos por fuentes de energía que no generen emisiones de gases de efecto invernadero, con el objetivo de evitar los peores efectos del cambio climático. Hay que recordar que los combustibles fósiles, así como el uranio, son fuentes energéticas no renovables (al menos a la escala de tiempo humana) que se basan en reservas finitas que se agotan a medida que las consumimos, como veremos en el próximo capítulo.

Este cambio geoestratégico hacia las fuentes de energía renovable (radiación solar y sus derivados, vientos, corrientes y saltos de agua, biomasa) tendrá consecuencias importantes que, inmersos como estamos en la economía del petróleo, aún no acabamos de percibir:

1. A diferencia de los combustibles fósiles, las fuentes de energía renovable son menos intensivas y requieren grandes superficies de territorio para su captación.
2. Las principales fuentes renovables (fotovoltaica, eólica, hidráulica) proporcionan electricidad, que, aunque es una energía de mayor calidad con rendimientos elevados en los usos, requiere el desarrollo de sistemas masivos de almacenamiento para acoplar las intermitencias y aleatoriedades de las fuentes a los momentos de uso.
3. El transporte a larga distancia de la energía generada por las fuentes renovables es comparativamente más elevado que el transporte del petróleo, por lo que será preferible captar y utilizar las energías renovables en entornos cercanos.

4. La captación de muchas de las fuentes renovables (especialmente la fotovoltaica, la biomasa, la minieólica y la minihidráulica) es ampliamente modular y escalable, lo que permite instalaciones pequeñas y medianas en techos, patios, infraestructuras y terrenos cercanos en la captación de energía para los usos propios (el llamado *autoconsumo*), una nueva modalidad que no era posible con los combustibles fósiles.

La estructuración de los futuros sistemas energéticos basados en fuentes renovables diferirá según los países y los entornos geográficos. Por ejemplo, en Ecuador, donde cuentan con grandes desniveles en la zona de los Andes, pueden priorizar embalses, saltos de agua y energía hidroeléctrica; en cambio, en Dinamarca, un país llano sometido a los vientos constantes del mar del Norte y amplias zonas marinas poco profundas, pueden priorizar la energía eólica, especialmente la eólica marina (*off-shore*) anclada en el fondo; en España, un país del sur de Europa con una importante insolación, pueden priorizar parques fotovoltaicos e instalaciones solares. En las zonas llanas y poco pobladas del interior del país, se pueden instalar grandes parques fotovoltaicos, mientras que en otras zonas más montañosas y densamente pobladas de la periferia, es preferible instalar un mayor número de parques de dimensiones más reducidas.

En definitiva, con la transición energética hacia fuentes renovables, nos dirigimos hacia una nueva geoestrategia en la que los principales valores serán el territorio para la captación de energía, la explotación de forma eficaz y sostenible de los recursos energéticos locales, el uso eficiente y adecuado de la energía y, también, de otros recursos en un nuevo concepto de economía circular.

La dificultad principal será cómo hacer la transición del sistema de civilización actual, concebida gracias a la existencia de los combustibles fósiles, a un nuevo sistema de vida (en comportamientos, tecnologías, organización económica, legislación) que deberá adaptarse a las características de las fuentes renovables. Habrá que revisar algunas de las dinámicas actuales, como el crecimiento continuo, que conlleva un aumento constante del consumo de recursos naturales escasos y finitos, o la concentración de la población en grandes ciudades con un metabolismo urbano cada vez más alejado de los recursos de proximidad.

Concentración y calidad de las diferentes formas de energía

A continuación, se analizan dos aspectos que inciden en la obtención, gestión y usos de las diferentes formas de energía: la concentración, o relación entre la cantidad de energía y la masa de materia implicada, y la calidad, o capacidad de una forma de energía de transformarse en otra forma de energía sin —o con poca— degradación.

Concentración de la energía en la materia

El estudio de la física revela la existencia de cuatro formas de interacción entre las partículas elementales de la materia: la *interacción fuerte*, que interviene a distancias muy cortas en la cohesión de las partículas en los núcleos de los átomos y que es responsable de las reacciones nucleares; la *interacción electromagnética*, más débil que la anterior, que interviene a distancias un poco mayores en las propiedades de las moléculas y las retículas metálicas y que está gobernada fundamentalmente por los electrones; la *interacción gravitatoria*, mucho más débil que las dos anteriores, pero que actúa a grandes distancias y que es sensible a nuestra escala gracias a las grandes masas en juego, como la de los cuerpos celestes, y aún hay una cuarta forma de interacción, *la interacción débil*, de tipo nuclear, que interviene en la modulación de la velocidad de las reacciones nucleares en el Sol y en las estrellas.

El actual sistema energético humano se basa en los tres primeros tipos de interacciones: la fuerte, en la energía nuclear; la electromagnética, en una gran diversidad de modalidades (sistemas eléctricos, químicos, etc.) que se comentarán más adelante, y la gravitatoria y la mecánica, en las centrales hidroeléctricas y los aerogeneradores.

La energía nuclear basada en la interacción fuerte es la más concentrada y la que proporciona más energía por unidad de masa. En los procesos de fisión (descomposición de núcleos de átomos pesados), 1 kg de uranio natural (que contiene tan solo un 0,7 % de uranio U-235 fisible, de manera que el resto, uranio U-238 es radiactivo, pero no fisible) genera un calor de unos 110 MWh. En la fusión nuclear (unión de núcleos de átomos ligeros como el hidrógeno), que aún está lejos de ser una realidad en el sistema energético humano en la Tierra, esta relación puede ser muy superior.

Las formas de energía más habituales en los sistemas tecnológicos son las que se asocian a las interacciones electromagnéticas: la electricidad, las reacciones químicas, los combustibles, las baterías, la radiación electromagnética, las células fotovoltaicas e incluso la energía relacionada con la deformación elástica de los materiales. Una referencia de la concentración energética en relación con la cantidad de materia de los sistemas basados en fuerzas electromagnéticas puede ser el poder calorífico de la mayor parte de los combustibles, que se sitúa entre 6 y 12 kWh por kg de masa (unas 10.000 veces inferior a la concentración de la energía nuclear).

Finalmente, las interacciones gravitatorias son las menos concentradas en cuanto a la masa. Para acumular 1 kWh en forma de energía potencial gravitatoria, sería necesario elevar una masa de 1 tonelada a 365 metros, y para acumularla en forma de energía cinética, sería necesario llevar un vehículo de 10 toneladas a la velocidad de 100 km/h. Son valores unas 10.000 veces inferiores a los sistemas basados en las interacciones electromagnéticas.

A efectos ilustrativos, se establece la siguiente comparativa con respecto a una central eléctrica de 1.000 MW de potencia que funciona durante el 80 % del tiempo y produce unos 7 millones de MWh eléctricos al año. Si se trata de un reactor nuclear (como el de Vandellòs o los dos de Ascó), y teniendo en cuenta que el rendimiento entre la energía térmica y la eléctrica es del orden del 33 %, este requerirá unas 110 toneladas de uranio natural por año (o unas 22 toneladas de uranio U235 enriquecido al 3,5 %); si se trata de una central térmica equivalente, deberá quemar unas 2,65 millones de toneladas de carbón por año (unas 24.500 veces la masa de uranio), y si se trata de una central hidroeléctrica con un rendimiento del 90 % entre energía hidráulica y eléctrica y un salto de agua de 50 metros, deberá turbinar unos 57.200 millones de toneladas de agua por año (una masa 21.500 veces superior a la de carbón).

Visto desde otro ángulo, para obtener esta energía con una sola central hidroeléctrica sobre el Ebro, sería necesario todo el caudal del río de su tramo final (unos 300 m^3 por segundo de media en el tramo final en los últimos años) y un salto de agua de unos 300 metros; el aprovechamiento hidroeléctrico integral de la cuenca del Ebro y de todos sus afluentes difícilmente podría llegar a una producción eléctrica de estas dimensiones. Pensamos que la energía eléctrica consumida en España en un año es de unas 36 veces esta cifra, es decir, 150 millones de MWh al año.

Calidad de la energía y disipación

En toda transformación, la energía tiende a degradarse. Pero, como veremos a continuación, esta degradación no se produce en la misma intensidad en todas las formas de energía, lo que permite hablar de energías de diferente calidad.

Algunas formas de energía, como la mecánica o la eléctrica, muestran un orden visible a escala macroscópica, como son el movimiento de los sólidos, el movimiento laminar de los líquidos o la corriente eléctrica en un conductor. Teóricamente, se pueden transformar entre sí sin pérdida —o disipación— de energía: es el caso de un péndulo, donde la mayor energía potencial gravitatoria en las paradas extremas se transforma en energía cinética en el momento que pasa por su posición inferior, y viceversa. La transformación entre energía mecánica y eléctrica también se puede llevar a cabo (teóricamente) sin pérdida de energía. Hablamos de formas de energía de elevada calidad.

En cambio, si partimos de una energía térmica debida a la agitación desordenada de las moléculas, átomos y partículas subatómicas de la materia a escala microscópica, teóricamente tan solo podemos transformar una parte en energía ordenada (de alta calidad) a escala macroscópica, como la mecánica y la eléctrica, mientras que otra parte se degrada a escala microscópica en forma de calor. Si la transformación se llevara a cabo en condiciones de equilibrio, con gradientes infinitamente pequeños y en tiempos infinitamente largos, el proceso podría ser reversible y no habría aumento del desorden.

Se denomina *exergía* al trabajo teórico máximo (o sea, la energía de alta calidad) que se puede obtener de una fuente de energía en relación con el medio circundante en un proceso reversible. Por ejemplo, una energía térmica de 100 unidades a 327 °C (600 °K de temperatura absoluta) en relación con un medio circundante de 27 °C (300 °K) puede proporcionar, como máximo, solo 50 unidades de trabajo (rendimiento del 50 %); el resto se transforma en calor a baja temperatura. Y si la temperatura fuera de 127 °C (400 °K), el trabajo máximo que podríamos obtener sería solo de 25 unidades (rendimiento del 25 %).

Sin embargo, estos son valores teóricos. Las transformaciones en condiciones reales están sujetas a gradientes (saltos de temperatura, de presión) y a otros efectos (rozamiento en los elementos mecánicos, viscosidad en los fluidos, resistencia eléctrica en los conductores) que generan disipación de energía en condiciones de irreversibilidad, es decir, con aumento del desorden a escala microscópica. Entonces, se destruye exergía, es decir, parte de la energía de alta calidad se transforma en energía desordenada a escala microscópica.

En el sistema energético actual, basado en más del 90 % en combustibles (incluido el nuclear), la energía pasa por una fase térmica (desordenada a escala microscópica) de la cual solo una parte (generalmente baja) se puede transformar en energía de alta calidad (mecánica, eléctrica). Los rendimientos de estas transformaciones, sin embargo, aumentan con la temperatura de la fuente caliente, por lo que hoy en día las tecnologías de las máquinas térmicas están lidiando con los techos de temperatura impuestos por los materiales de las que están formadas. Los rendimientos habituales en la transformación de energía térmica a electricidad suelen estar entre el 25 % y el 45 %, siendo la media del 33 %, y los rendimientos en los motores térmicos para movilidad suelen estar entre el 15 % y el 40 %, con una media del 25 %.

En el futuro sistema energético renovable, el paradigma cambia: las principales formas de captación de energía (fotovoltaica, eólica, hidroeléctrica) proporcionan energía eléctrica de alta calidad que, por una parte, deberemos transformar en movilidad y, por otra parte, en energía térmica, con rendimientos mucho más favorables que en el actual sistema basado en combustibles. Sin embargo, esta ventaja será compensada parcialmente por las pérdidas en los sistemas masivos de almacenamiento de electricidad que será necesario desarrollar y que no eran necesarios en el sistema energético basado en los fósiles.

Energía, potencia y sus unidades

La energía es una magnitud extensiva, al igual que lo son el volumen de agua o la longitud de un recorrido. A menudo, la energía se confunde con la potencia, o cociente entre la energía y el tiempo, que es una medida intensiva, al igual que el caudal de una corriente de agua o la velocidad con la que un móvil recorre una distancia.

El concepto de potencia admite diferentes acepciones según el tiempo considerado. Si este es muy pequeño, se habla de *potencia instantánea*, mientras que, si es largo, se habla de *potencia media*. Los conceptos de producción y consumo de energía son expresiones de la potencia media a lo largo de tiempos prolongados: una hora, un día, un mes o un año.

La energía y su medida

La energía es una magnitud cuantificable susceptible de ser medida con las mismas unidades en todas sus manifestaciones. Sin embargo, las diferentes formas y ámbitos de aplicación, las vicisitudes históricas del desarrollo del mismo concepto de energía, así como la búsqueda de las fuentes para satisfacer las necesidades humanas, han llevado a la utilización de una gran diversidad de unidades de energía que a menudo dificultan la percepción del significado de las cantidades obtenidas y su comparación. En este texto se ha adoptado el kWh como la unidad básica de energía, unidad técnica que se define más adelante.

Una de las primeras unidades utilizadas para la energía es la caloría (cal), es decir, el calor (una forma de energía térmica) necesario para aumentar la temperatura de 1 gramo de agua en 1 °C. Esta unidad y su múltiplo (kcal = mil calorías) aún se utilizan para medir la energía contenida en los alimentos. La kcal es una unidad relativamente pequeña frente al kilovatio hora: 1 kWh = 859,85 kcal.

El sistema internacional de unidades (SI), acordado en 1960, estableció como unidad de energía el julio (J), definido como el trabajo (una forma de energía mecánica) que realiza una fuerza de 1 newton (N) cuando su punto de aplicación se desplaza 1 metro en la misma dirección de la fuerza. Es una unidad derivada de otras que, aunque es coherente en el seno del SI, resulta poco intuitiva: dado que 1 kg de masa sometido a la aceleración de la gravedad pesa 9,81 N, la energía para levantar una masa de 1 kg a 1 metro de altura es de 9,81 J. La unidad del J es muy pequeña, por lo que se usan sus múltiplos, especialmente el MJ (millón de julios). Un kWh equivale a 3,6 MJ.

El desarrollo de la economía del petróleo generalizó la unidad barril de petróleo, una medida de volumen de unos 159 litros. El contenido energético de un barril varía de un petróleo a otro, por lo que se ha acordado la equivalencia siguiente: 1 barril = 1.700 kWh. Más adelante se ha definido una nueva unidad de medida, la tonelada equivalente de petróleo (tep; *toe* en inglés). Hasta hace poco su múltiplo ktep = 1.000 tep era la unidad básica usada en los balances energéticos de la Agencia Internacional de la Energía (en adelante, AIE). El tep es una unidad muy grande: 1 tep = 11.630 kWh.

Como se ha dicho, en este texto hemos adoptado como unidad de referencia para la energía el kWh, ya que es la unidad en la que se expresan los consumos y las facturas de electricidad y gas natural. Es interesante constatar que, en sintonía con la sociedad del petróleo, que prioriza la intensidad, esta unidad se define según una potencia, el kilovatio (kW), que actúa durante 1 hora. Un microondas de 1 kW de potencia que funcione durante 3 minutos consumirá una energía eléctrica de 0,05 kWh.

De a	kWh	MJ	tep
kWh	1	3,6	1/11.630 = 0,0000860
MJ	0,277	1	1/41.868 = 0,0000239
tep	11.630	41.868	1

Tabla 1. Equivalencias entre unidades de energía. Fuente: elaboración propia.

La potencia y su medida

La potencia es el cociente entre la energía (obtenida, almacenada, transformada o utilizada) y el tiempo en el que se efectúa el proceso correspondiente. Como se ha visto anteriormente, es un concepto básico considerado desde la perspectiva tecnológica.

La unidad de potencia en el sistema internacional (SI) es el vatio (W = 1 J/s, julio por segundo) y sus múltiplos y submúltiplos: kW (mil W), en los sistemas domésticos e industriales; MW (millón de W), en procesos de elevada potencia, y GW (mil millones de W), en los grandes sistemas de generación. El caballo de potencia (1 HP = 735 W) es hoy día una unidad obsoleta, a pesar de su uso residual en automoción.

El concepto de potencia admite diferentes acepciones según el tiempo considerado. Si el tiempo es muy pequeño, se habla de potencia instantánea, mientras que si el tiempo es largo se habla de potencia media. Los conceptos de producción y de consumo de energía son expresiones de la potencia media a lo largo de tiempos prolongados: una hora, un día, un mes o un año. La potencia admite las siguientes definiciones:

Potencia instantánea: Es el cociente entre la energía y el tiempo cuando este se hace infinitamente pequeño (matemáticamente se expresa como la derivada de la energía respecto al tiempo). En todos los fenómenos naturales, los seres vivos y las actividades humanas, las potencias instantáneas varían constantemente. En los sistemas tecnológicos se define la potencia nominal (o también potencia instalada) como la potencia máxima a la cual el sistema puede funcionar correctamente de forma continua; muy a menudo, los sistemas funcionan a potencias instantáneas inferiores a la nominal, y en períodos cortos pueden incluso sobrepasarla ligeramente.

Potencia media: Es el cociente entre la energía y el tiempo cuando este es un valor finito: un minuto, una hora, un día, un año o cualquier otro período de tiempo. La potencia media se aplica a sistemas técnicos y máquinas durante un tiempo determinado. Sin embargo, con otras denominaciones de carácter socioeconómico, también puede medir las producciones, los consumos, las importaciones o las exportaciones de energía con relación a una actividad o un territorio (país, región o del conjunto del mundo), ya que, aunque a menudo no se explicita, se refieren a un tiempo determinado, normalmente un año.

Es frecuente confundir energía y potencia. También es frecuente confundir potencia instantánea y potencia media. Para aclararlo, se exponen los siguientes ejemplos:

1. La potencia máxima (instantánea) del motor de un automóvil medio de 73,5 kW (100

caballos) solo se alcanza en contadas ocasiones, cuando es necesario superar fuertes pendientes o en momentos de grandes aceleraciones. Si este vehículo recorre un trayecto en terreno plano a una velocidad de 100 km/h sobre una carretera lisa y con viento en calma, absorbe una potencia media de unos 14 kW (6 litros/100 km, incluyendo la eficiencia del motor y de la transmisión), muy inferior a la potencia máxima.

2. La energía que podría generar un aerogenerador de potencia nominal de 1 MW funcionando durante todo un año (8.760 horas) es de 8.760 MWh (1 MWh = mil kWh); sin embargo, en un contexto eólico específico, debido a la variabilidad o ausencia de viento, paradas del aerogenerador por viento excesivo, averías u órdenes del regulador energético por falta de usuarios donde evacuar la electricidad, la potencia instantánea del aerogenerador varía continuamente. Aplicando los valores medios de la energía eólica en España en el año 2020, este aerogenerador generaría 2.000 MWh de electricidad y habría funcionado a una potencia media de 0,228 MW; en este caso, se habla de un factor de carga del 22,8 %.
3. La potencia de la radiación del Sol sobre la Tierra antes de entrar en la atmósfera es de unos 174.400 TW, aproximadamente 10.000

veces la potencia media del sistema energético humano. Esta potencia dividida por la sección diametral de la Tierra da 1.368 W/m^2 (también llamada constante solar), y si se distribuye por toda la superficie de la Tierra (4 veces la de la sección diametral), da una media de 342 W/m^2.

Consideraciones terminológicas

El primer principio de la conservación de la energía establece que la energía no se crea ni se destruye, solo se transforma. Por este motivo, se argumenta que es impropio hablar de *producción* y *consumo* de energía. Este uso abusivo del lenguaje se debe probablemente, en lo relativo a la producción, a una cierta arrogancia del hombre de la Revolución Industrial en el dominio de la naturaleza, y, en el lado del consumo, al hecho de que en los últimos siglos el sistema energético se ha basado mayoritariamente en los combustibles fósiles, que realmente se consumen (desaparecen) cuando proporcionan energía útil.

Nos dirigimos hacia una nueva situación en la que los suministros de combustibles fósiles serán cada vez más escasos, mientras que aumentará la energía procedente de flujos, principalmente de la radiación solar y sus derivados. La transición energética que estamos iniciando, como cualquier cambio de paradigma, requiere adaptar el lenguaje para expresar nuevos conceptos y nuevas relaciones.

Es más adecuado hablar de *obtener* y *usar* energía (*obtención* y *usos*) que de *producir* y *consumir*. En contextos específicos también se pueden utilizar los términos *extraer*, en el caso de recursos que provienen de la minería, o *captar*, cuando provienen de flujos (energía térmica solar, fotovoltaica, eólica o hidráulica). Cuando una captación va asociada a la obtención de energía eléctrica (que no existe en la naturaleza en estado libre y que requiere una transformación), también se habla de *generación*. Finalmente, más allá del término *usos*, también se puede hablar de *aprovechamientos*.

Capítulo 2

Contabilizar la energía

La energía es la magnitud que establece las relaciones en las que se transforman los diferentes fenómenos de la naturaleza; su medida y contabilización están, por lo tanto, en el núcleo de este concepto.

En la primera sección de este capítulo, y como primer elemento de referencia, se estudia la energía relacionada con el cuerpo humano: es la llamada *energía endosomática*. Una de las características de las sociedades humanas ha sido la capacidad de aportar energías externas para asegurar la subsistencia y potenciar las actividades de sus miembros: es la llamada *energía exosomática*.

Hasta ahora, las sucesivas civilizaciones humanas han proporcionado un incremento de la energía exosomática puesta en juego. Siguiendo esta tendencia, la Revolución Industrial iniciada a finales del siglo XVIII significa un salto de escala en las aportaciones de energía exosomática gracias a los combustibles fósiles. Ahora, por primera vez en la historia humana, estamos a las puertas de una transición energética hacia recursos menos intensivos.

Teniendo en el punto de mira la difícil transición energética de hoy día, este capítulo continúa con la contabilización de los consumos energéticos y de las emisiones de gases de efecto invernadero en la actualidad para el conjunto del mundo y sus regiones, así como con los efectos acumulados de estos consumos y de estas emisiones desde el inicio del uso de los combustibles fósiles hace poco más de 200 años.

En las secciones finales del capítulo, a partir de los datos de los balances energéticos de la AIE, se estudian los itinerarios de las transformaciones de la energía desde las fuentes primarias hasta la energía útil (más allá de la energía final, donde finalizan los datos de la AIE), así como su distribución entre los diferentes sectores de actividad.

El ser humano como referencia energética

La historia de la humanidad ha estado presidida por la continua utilización de nuevas capacidades energéticas más allá de la energía relacionada con el mismo cuerpo humano. Esta evolución ha experimentado saltos espectaculares en el último siglo y medio, especialmente debido al uso progresivo de los combustibles fósiles en las civilizaciones industriales y tecnológicas.

El objetivo de esta sección es analizar la evolución energética de la humanidad en los últimos años, así como prever algunas de las consecuencias que puede tener el agotamiento de los recursos energéticos no renovables y, eventualmente, prefigurar nuevas estrategias para el futuro.

Nos ha parecido que un buen término de comparación para los consumos energéticos exógenos actuales y las previsiones futuras es el gasto energético del ser humano. Aunque los humanos tenemos masas corporales y capacidades energéticas muy diferentes, el uso de este término de comparación destaca muchos aspectos que no habríamos visto de ninguna otra manera.

Energía y ser humano

Se suele denominar *gasto energético* a la energía diaria consumida por el organismo humano procedente de los alimentos; de hecho, es una potencia media, ya que se trata de la relación entre una energía y un lapso finito de tiempo. En una persona de referencia (hombre/mujer) de peso medio (70 kg), de edad media (25 a 50 años) y con un grado de actividad medio, el valor del gasto energético se sitúa alrededor de los 120 W, que, traducidos a otras unidades, son 2,88 kWh/día o 2.480 kcal/día.

Este valor medio del gasto energético humano se puede analizar en dos partes separadas:

El *gasto basal*, que es la energía diaria que utiliza el organismo para mantener los procesos vitales, como la respiración, la circulación de la sangre, la síntesis de los constituyentes orgánicos, la temperatura corporal, el funcionamiento del cerebro y el mantenimiento de la musculatura. Suele medirse con el cuerpo en reposo, después de unas 10 horas de sueño, y es el componente principal del gasto energético. En una persona promedio, suele tener un valor de 80 W (o sea, 1,92 kWh/día o 1.650 kcal/día).

El *gasto por actividad física*, que es la parte de la energía diaria que una persona utiliza en actividades físicas como caminar, trabajar, practicar deportes, actividades recreativas o sociales, y que se suma al gasto basal. En una persona promedio, este gasto suele situarse en alrededor de 40 W (0,96 kWh/día u 830 kcal/día); sin embargo, este gasto energético depende mucho de la actividad de las personas y puede oscilar desde unos 5 W (0,12 kWh/día o 105 kcal/día) en una persona muy sedentaria hasta unos 150 W (unos 3,6 kWh/día o 3100 kcal/día) en un deportista.

Entre las funciones incluidas en la potencia basal, cabe destacar la incidencia del gasto energético del cerebro y el mantenimiento de la musculatura.

De media, el cerebro humano, que pesa aproximadamente 1,4 kg en una persona adulta (un 2 % de su masa corporal), requiere alrededor de 16 W (un 20 % del gasto energético basal), es decir, un consumo energético por unidad de masa cerebral unas 10 veces superior al conjunto de su cuerpo. En un bebé, estas proporciones son aún más exageradas, ya que el cerebro puede representar alrededor del 10 % de la masa corporal y requerir cerca del 50 % de la energía del metabolismo basal. El consumo energético del cerebro cubre fundamentalmente el mantenimiento del órgano y prácticamente no varía con el aumento de la actividad mental (día y noche); por lo tanto, las funciones cerebrales requieren un suministro continuo de oxígeno y glucosa de la sangre. La proporción del consumo energético del cerebro en otros animales es sensiblemente inferior al de los humanos: por ejemplo, en los simios superiores, la actividad cerebral disminuye a un 8 % del gasto basal, y en muchos otros mamíferos (elefante, caballo, cerdo, perro, rata) se sitúa alrededor del 3 %.

En cambio, la musculatura (que en un humano es el 40 % de la masa corporal) tiene, en condiciones de reposo, demandas energéticas proporcionalmente muy inferiores a las del cerebro (del 20 % al 25 % del metabolismo basal), entre 16 y 20 veces menos intensas que las del cerebro; sin embargo, cuando la actividad muscular se incrementa, ocasiona un notable aumento de las demandas energéticas. Así, caminar puede representar un incremento de potencia por actividad de 140 W (unas 122 kcal por hora), ir en bicicleta unos 200 W (unas 175 kcal por hora), un trabajo duro unos 300 W (260 kcal por hora) y un deporte intenso puede llegar a 900 W (que solo se puede mantener en un tiempo breve).

No todo el gasto energético de la musculatura se convierte en trabajo. Cuando la actividad física se realiza durante períodos prolongados, requiere un proceso aeróbico con oxígeno y parte de la energía se transforma en calor y debe ser evacuada mediante el sudor. El ser humano tiene una capacidad de sudoración por unidad de superficie de piel muy elevada dentro del reino animal: el doble que la del camello, cuatro veces la del caballo y aún mucho más que la del perro. Este es un beneficio evolutivo de los humanos, ya que la capacidad de trabajo está determinada por la capacidad de sudar.

Las sociedades y la energía exosomática

El desarrollo de las civilizaciones humanas ha ido asociado a un incremento progresivo del consumo de energía per cápita. E. Cook propuso en 1971 una clasificación de las sucesivas civilizaciones humanas según los usos energéticos globales per cápita (en kcal por día) de energía endosomática, del propio cuerpo humano, más la energía exosomática, fruto de la captación y explotación de energías externas en beneficio propio.

Nosotros consideramos que es mucho más ilustrativo dar los valores de la energía puesta en juego (endosomática y exosomática) tomando como unidad la energía endosomática de un ser humano adulto promedio (energía basal + energía de actividad), que son alrededor de 2,500 kcal por día o 120 W de potencia promedio.

Siguiendo este criterio, la propuesta de clasificación de las sucesivas sociedades humanas de E. Cook, con números redondeados, resulta: sociedad primitiva, 1 (es decir, los humanos disponían solo de la propia energía endosomática); sociedad cazadora, 2 (incorpora el fuego); sociedades agrícolas primitivas, 5 (incorpora recursos agrícolas y ganaderos); sociedades agrícolas avanzadas, 10 (siglos XVII y XVIII en Europa); sociedades industriales, 30 (siglos XIX y XX), y sociedades tecnológicas, 95 (el futuro).

Hemos preferido referirnos a los valores de la AIE del año 2019, ya que los consumos del año 2020 fueron anormalmente bajos debido a la pandemia de COVID-19. Los usos energéticos per cápita en el mundo eran 19,3 veces la energía endosomática, alrededor de 20.300 kWh por habitante y año. En el conjunto de los países de la OCDE, esta relación se elevaba a 41,4, con tendencia a disminuir desde el máximo de 47 en el año 2005, mientras que en el conjunto de países No-OCDE, esta relación era de 14,6, con tendencia a aumentar en los últimos años, siendo 10,2 en el año 1990.

Al analizar los usos energéticos de las regiones, se observan grandes diferencias. La región más consumidora de energía per cápita es América del Norte (con México), 57 veces la energía endosomática, con tendencia a disminuir desde su máximo de 68 en el año 2000; también son destacables los elevados consumos per cápita de Eurasia, que con la caída del telón de acero bajó de más de 52 a 32, valor que ha mantenido prácticamente hasta hoy; la tercera región en usos de energía per cápita es Europa, con tendencia a disminuir desde el máximo de 36 en el año 2006 a 31,5 justo antes de la pandemia. Cabe señalar que, aunque los consumos de energía per cápita de Europa son poco más de la mitad de los de América del Norte, la calidad de vida es comparable e incluso mejor en lo que se refiere a servicios sociales.

Entre las regiones donde los usos energéticos per cápita crecen más entre 1990 y 2019 se encuentran: el Oriente Medio, que pasa de 18 a 30,5 veces la energía endosomática en 2010 y luego se mantiene en este valor (cercano a Europa); América del Sur y Central, que crece de 10,5 a 15 en 2013 y luego experimenta una pequeña regresión; Asia y Oceanía, principalmente impulsadas por el crecimiento de China, aumentan de 7,5 a 15,5, pero con un crecimiento lento en los últimos años. Y, finalmente, los consumos de energía per cápita de África se encuentran prácticamente estancados y pasan de 6,7 a 7,2; el 45% de esta energía proviene de la leña de los bosques.

Evolución del consumo de energía según las fuentes

La energía es la savia esencial de las sociedades humanas y, desde sus orígenes, las sociedades humanas han progresado en las capacidades de poner cada vez más energía a su servicio. Sin embargo, en las últimas décadas, esta progresión ha sido tan intensa que está poniendo en cuestión la misma permanencia de las condiciones para la vida humana en la Tierra.

En la figura 1 se muestra la evolución de la población y de los usos energéticos desde 1750 hasta 2020.

La AIE tiene publicados datos lo suficientemente desagregados sobre los usos de la energía durante las tres últimas décadas, de 1990 hasta 2020, y el Banco Mundial proporciona los datos de población desde 1960 hasta la actualidad. Para los datos anteriores a 1990 sobre el consumo de energía, hemos recurrido a la agencia estadounidense CDIAC (Carbon Dioxide Information Analysis Centre), que, a partir de diversas bases documentales, ha reconstruido las emisiones de gases de efecto invernadero (medidas en miles de millones de toneladas de carbono) entre 1750 y 2014 para los diferentes combustibles fósiles (carbón, petróleo y gas natural) y para cada país. A partir de las equivalencias entre la energía obtenida de los fósiles y las emisiones de gases de efecto invernadero generadas, se ha podido reconstruir el consumo de energía. En cuanto a la población mundial entre 1750 y 1950, se ha partido de los datos históricos proporcionados por la agencia United States Census Bureau (USCB).

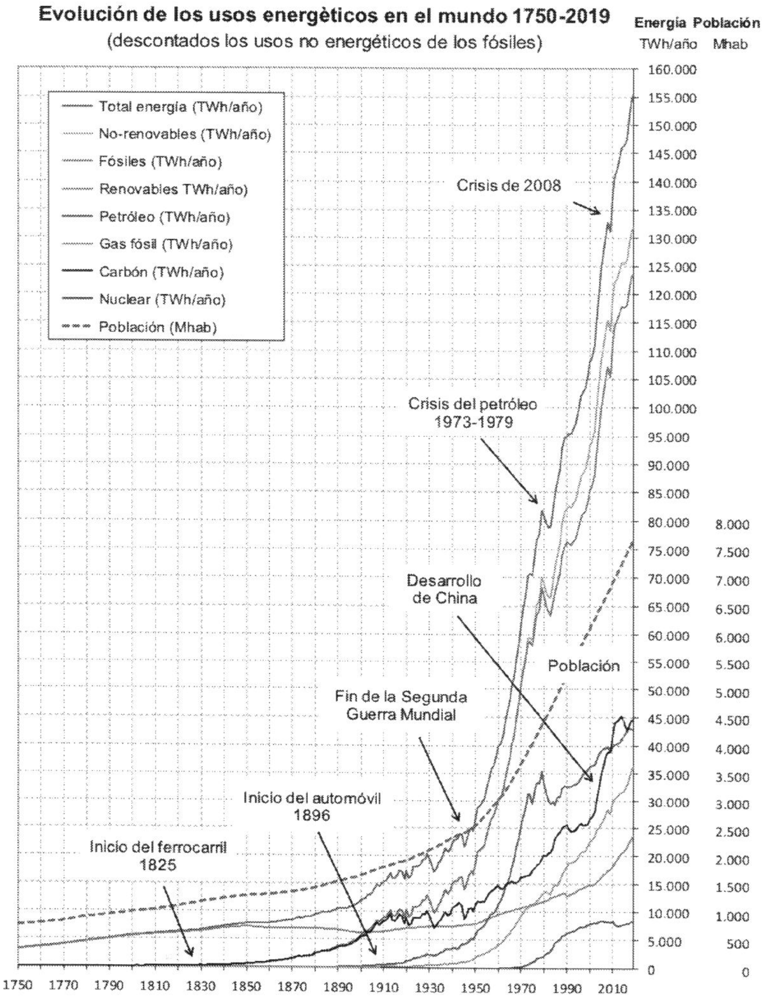

Figura 1. Evolución de las diferentes fuentes mundiales de energía entre 1750 y 2020 (descartados los usos no energéticos). Fuente: elaboración propia en base a los datos de CDIAC, de la AIE y del USCB.

En los últimos 270 años, la población en la Tierra se ha multiplicado por 10,3 y los usos energéticos por 49,3; esto significa que la energía per cápita ha aumentado 4,8 veces. Si dividimos este lapso de tiempo en dos períodos separados por 1945, se observa que los crecimientos se aceleran. Entre 1750 y 1945 (195 años), la población mundial se multiplica por 3,2 y los usos energéticos por 6,8, y entre 1945 y 2020 (75 años) la población se multiplica por 3,2 y los usos energéticos por 7,2. En el último período hay tres crisis que dejan huella: las del petróleo de 1973-1979, la de 2008 y la de la COVID-19 de 2020.

Centrémonos en la evolución de cada fuente energética. A pesar de que la Revolución Industrial y el uso de la máquina de vapor comienzan en Inglaterra a finales del siglo XVIII, la energía a escala planetaria continúa proviniendo de energías renovables, fundamentalmente de la biomasa, y no es hasta mediados del siglo XIX que se empieza a percibir el uso del carbón (7,3% del sistema energético mundial en 1850).

Este continúa creciendo y en 1903 sobrepasa el uso de la biomasa; mientras tanto, aparecen los primeros usos del petróleo (2,5%) y del gas natural (0,5%). En el período que va hasta el final de la Segunda Guerra Mundial, el carbón sigue siendo la fuente principal de energía en el mundo (oscila entre el 40 y el 50%), mientras que el uso del petróleo progresa hasta un 15% y el gas natural hasta un 4%. La biomasa se mantiene relativamente constante en términos absolutos, pero su participación disminuye.

A partir de 1945, los usos energéticos mundiales se disparan hasta hoy. El primero en hacerlo es el petróleo, que supera al carbón en 1962 y tiene una progresión espectacular hasta la crisis (política) del petróleo de 1973. A raíz de la guerra de Yom Kippur entre Israel y los países árabes, la OPEP (Organización de Países Exportadores de Petróleo) decide embargar el petróleo a los países que habían apoyado a Israel y al final del conflicto el precio se había multiplicado por 4, lo que tuvo repercusiones especialmente graves en Europa. Estados Unidos estaba llegando al pico del petróleo y Europa aún no explotaba los petróleos del mar del Norte.

En los años setenta se inicia el desarrollo de la energía nuclear de fisión en Europa, América del Norte y Eurasia, pero a partir de los años noventa se estanca; a pesar de la construcción reciente de algunas nuevas centrales nucleares, especialmente en Asia, hoy en día la energía nuclear representa solo el 5% del mix energético mundial. Desde el año 2000, ha tenido lugar el gran desarrollo económico de China (y, en menor medida, de India), basado en el uso del carbón, hasta el punto de que en 2020, China consumía el 57% del carbón mundial y India un 10% más. Mientras tanto, el uso del gas natural ha ido creciendo constantemente, de manera que en 2020 ya cubre el 23,7% del mix energético mundial.

La tabla 2 muestra la población (en millones de habitantes), los usos energéticos totales, los consumos de fósiles (en TWh, o miles de millones de kWh por año) y los consumos de fósiles per cápita (en kWh por habitante y año). Se proporcionan datos para el conjunto del mundo, para los países de la OCDE (los de mayores ingresos per cápita), para los países No-OCDE y también para cada una de las siete grandes regiones del mundo: África, América del Norte (con México), América del Sur y Central, Asia y Oceanía (excluyendo Oriente Medio y los antiguos países de la URSS), Eurasia (antiguos países de la URSS), Europa (incluidos los países de Europa del Este y Turquía) y Oriente Medio (países de Asia Menor y del Golfo Pérsico).

	Población	Consumos de energía		
		Total	Fósiles	
	Mhab	TWh	TWh	kWh/ hab
Mundo	7.673	155.820	123.610	16.110
OCDE	1.365	59.460	46.230	33.870
No-OCDE	6.309	96.360	77.380	12.270
África	1.305	9.840	5.130	3.930
América del Norte	494	29.580	23.830	48.290
América del Sur y C.	503	7.320	4.760	9.460
Asia y Oceanía	4.176	68.480	56.910	13.630
Eurasia	297	11.650	10.240	34.440
Europa	624	20.680	14.550	23.320
Oriente Medio	258	8.270	8.190	31.750

Tabla 2. Población y consumo de fósiles para energía (2019) Fuente: elaboración propia a partir de USCB y AIE.

Los datos de esta tabla muestran que la población mundial se distribuye de manera muy desigual entre los países de la OCDE (17,8 %) y los No-OCDE; la región de Asia y Oceanía acoge más de la mitad de la población mundial, y África tiene una población comparable a la de todos los países de la OCDE. El consumo de fósiles per cápita en los países de la OCDE es 2,8 veces superior al de los países No-OCDE, aunque esta relación se ha ido reduciendo desde 1990, cuando el consumo de fósiles per cápita en los países de la OCDE era ligeramente superior al actual y el de los países No-OCDE ha crecido desde 8.220 kWh/hab.

El mix energético mundial de 2019 constaba del 79,4 % de combustibles fósiles, el 5,4 % de energía nuclear y el 15,2 % de energías renovables, de las cuales el 10,1 % eran biomasa y el resto se distribuía entre el 2,7 % de energía hidroeléctrica y el 2,4 % de nuevas fuentes renovables. La proporción de fósiles en las diferentes regiones del mundo iba del 52,1 % en África (el resto era casi todo biomasa) hasta el 99 % en Oriente Medio. Las fuentes renovables en América del Sur y Central eran el 34,1 %, destacando la biomasa con el 22,5 % y la hidroeléctrica con el 9,5 %; en el mix energético de Europa, las renovables eran el 16,6 % y la energía nuclear el 12,5 %, la proporción más alta de energía nuclear de todas las regiones; en el mix energético de América del Norte, la energía nuclear era el 9,8 % y las renovables el 9,7 %; en Eurasia, la energía nuclear era el 7,7 % y las energías renovables el 4,7 %; finalmente, Asia y Oceanía tenían un porcentaje bajo de energía nuclear, 2,9 %, y un porcentaje de energías renovables del 14,0 %, del cual el 8,6 % era de biomasa.

Recursos y reservas

Prácticamente el 85 % de los usos mundiales de energía corresponden a combustibles fósiles y uranio que proceden de fuentes no renovables. Así pues, la pregunta que surge es: ¿hasta cuándo los tendremos? La respuesta no es sencilla y, antes, es necesario definir los conceptos de recursos y reservas.

Por un lado, los *recursos* son todas aquellas materias o flujos presentes en la naturaleza de los cuales podemos obtener energía útil; por ejemplo, el petróleo, la madera, los vientos o la radiación solar. En cambio, el hidrógeno, aunque es un combustible, no es un recurso, ya que en la naturaleza siempre se encuentra combinado formando compuestos. En todo caso, el hidrógeno se puede obtener a partir de otros recursos energéticos, y entonces hablamos de *vector energético* (en inglés, *energy carrier*, o portador de energía).

Por otro lado, las *reservas* son recursos energéticos conocidos y evaluados que se pueden obtener en las condiciones técnicas y económicas viables hoy en día; por ejemplo, el carbón de una mina a cielo abierto o el petróleo y el gas natural que se extraen en pozos de hidrocarburos. En cambio, el uranio presente en el granito no constituye una reserva, ya que la proporción es tan baja que costaría más energía extraerlo y procesarlo de la que proporcionaría como combustible nuclear.

Una pregunta recurrente hoy día es cuántas reservas hay de recursos no renovables para cubrir las necesidades energéticas. Diferentes organismos proporcionan estimaciones sobre ello. La compañía petrolera BP, en su publicación anual *Statistical Review of World Energy*, proporciona valores de las reservas de carbón, petróleo y gas natural para los principales países del mundo, y la organización World Nuclear Association ofrece estimaciones de las reservas de uranio. Estos valores, traducidos a energía y medidos en TWh (miles de millones de kWh), se muestran en la tabla 3:

	Consumos		Reservas	
	TWh/año	%	TWh	%
Carbón	44.430	33,6 %	6.570.000	53,3 %
Petróleo	42.740	32,4 %	2.980.000	24,2 %
Gas natural	36.440	27,6 %	2.025.000	16,5 %
Uranio	8.460	6,4 %	740.000	6,0 %
Total No-Renovables	132.070	100,0 %	12.315.000	100,0 %

Tabla 3. Consumos y reservas de recursos energéticos no renovables en el mundo (2019). Fuente: elaboración propia a partir de los datos de la AIE para los consumos de energía y de BP para las reservas de combustibles fósiles y de WNA para las reservas de uranio.

Lo primero que destaca es que las reservas más abundantes son las de carbón (53,3 % del total), el combustible más contaminante y el que genera más gases de efecto invernadero por cada unidad de energía. También resalta el hecho de que las reservas menos abundantes son las de uranio (6,0 % del total), que de ninguna manera pueden ser la alternativa al 80 % de la energía que hoy en día proporcionan los combustibles fósiles en el mix energético mundial.

Además, existen dudas serias sobre la estimación de las reservas en cuanto al petróleo: después de las crisis de 1973 y 1979, los países de la OPEP (que tienen la mayor parte de reservas a nivel mundial) acordaron limitar las extracciones de petróleo en función de las reservas de cada uno de ellos para mantener los precios. Sin embargo, entre los años 1987 y 1990, empezando por Kuwait, fueron declarando unos aumentos injustificados de reservas, creciendo globalmente de 350 a 650 Gb (miles de millones de barriles): se las llama *reservas políticas*. Por otro lado, se aceptaron como reservas 175 Gb de las arenas bituminosas de Athabasca, en Canadá, y 300 Gb de los petróleos ultra pesados de la faja de Orinoco, en Venezuela, ambos de muy difícil explotación y de muy bajo rendimiento. En total, son 775 Gb de los 1.730 Gb del total de reservas de petróleo registradas en 2020.

En general, sectores con intereses en las industrias de los fósiles y del uranio han fomentado un discurso optimista sobre la abundancia de las reservas. Por ejemplo, se dividen las reservas de carbón por el consumo actual y se dice que hay carbón para más de 150 años, pero no se dice que haciendo la misma operación con el petróleo el tiempo se acorta a pocas décadas. Por otro lado, las reservas restantes son cada vez de menor calidad, con rendimientos más bajos y emisiones más altas.

Emisiones de gases de efecto invernadero

Este discurso optimista omite el hecho de que tenemos un problema más urgente: la lucha contra el cambio climático, que impone restricciones severas sobre el uso de las reservas de fósiles. En efecto, la combustión de los fósiles origina intrínsecamente CO_2 y otros gases de efecto invernadero que alteran el clima.

El efecto invernadero en la atmósfera terrestre es un fenómeno simple pero de profundas consecuencias. La atmósfera terrestre es más transparente a la radiación del Sol que a la radiación que la Tierra emite al espacio (de frecuencias más bajas y no visible); en principio, estos dos flujos se equilibran y la temperatura media de la superficie de la Tierra se mantiene globalmente constante. Pero la acumulación de CO_2 y otros gases de efecto invernadero en la atmósfera altera este equilibrio: la radiación que la Tierra emite hacia el espacio tiene más dificultad para atravesar la atmósfera, parte de la energía queda retenida y la superficie del planeta se calienta. La mayor parte del aumento del CO_2 y de los gases de efecto invernadero en la atmósfera se debe a la quema de combustibles fósiles para obtener energía.

El CO_2 y el efecto invernadero no son perjudiciales por sí mismos. Si no se produjera el efecto invernadero gracias a la composición de la atmósfera terrestre, la temperatura media de la superficie de la Tierra sería de -15 °C y toda el agua estaría congelada. La presencia de CO_2 en la atmósfera eleva la temperatura media hasta 14 °C: el agua es líquida, y esto permite las diferentes formas de vida y el desarrollo de las civilizaciones humanas. Además, el CO_2 interviene en las funciones metabólicas básicas de todos los seres vivos: las plantas, mediante la función clorofílica, absorben CO_2 de la atmósfera para formar materia orgánica, la cual es devuelta nuevamente a la atmósfera a través de la respiración de los seres vivos.

Por lo tanto, el problema no es el CO_2, sino sus proporciones. En los últimos 800.000 años (el *homo sapiens* tiene unos 315.000 años), la presencia de CO_2 en la atmósfera ha oscilado entre unas 200 ppm (partes por millón) en los períodos glaciales hasta unas 300 ppm en los períodos interglaciales. Pues bien, con la quema de los fósiles, en poco más de 200 años hemos elevado esta concentración de 270 ppm a 420 ppm de CO_2 en la actualidad. Para evitar un desequilibrio irreversible del clima, el objetivo es no sobrepasar las 450 ppm, cuando en los últimos años esta concentración aumenta a razón de 2,5 ppm por año.

¿Cuántos gases de efecto invernadero emitimos a la atmósfera cada año? ¿Y cuáles son los principales emisores entre países y regiones?

En el mix energético actual, basado en la quema de combustibles fósiles, existe una correlación estrecha entre la energía obtenida y las emisiones de CO_2 a la atmósfera. De promedio, la extracción y la combustión de carbón para producir 1 kWh térmico (3,6 MJ o 860 kcal) conllevan emisiones de alrededor de 400 gCO_2 (gramos de CO_2); si se obtiene a partir de petróleo, son alrededor de 300 gCO_2, y si proviene del gas natural, es de unos 240 gCO_2. Relacionado con el sistema energético, también hay que tener en cuenta la quema de metano en yacimientos de hidrocarburos (*flaring*, en inglés), especialmente en pozos de *fracking* (o fracturación hidráulica), para evitar el mayor efecto invernadero del metano no quemado, así como las fugas en los gasoductos (principalmente de metano) o la energía utilizada en la licuefacción y regasificación del gas natural.

Ciertos procesos industriales y ciertos usos también emiten gases de efecto invernadero más allá de los usos energéticos: por ejemplo, el CO_2 generado en la descomposición de la piedra caliza para fabricar cemento, los óxidos nitrosos que se forman con el nitrógeno del aire en las combustiones a altas temperaturas o las fugas de los gases fluorados utilizados en los sistemas de refrigeración o en la electrónica.

Y aún hay emisiones de gases de efecto invernadero relacionadas con la agricultura, la ganadería y la silvicultura, como las emisiones de metano de los cultivos de arroz, la generación de metano en la digestión de los rumiantes (ganado vacuno), la quema de residuos agrícolas, la manipulación de estiércol o con los cambios de uso del suelo (deforestaciones, incendios).

El metano, los óxidos nitrosos y los gases fluorados tienen un efecto invernadero más elevado que el CO_2, del orden de 30, 275 y unas 20.000 veces, respectivamente. Para tenerlos en cuenta, se traducen sus efectos y se suman a los del CO_2: entonces se habla de equivalente de CO_2 (CO_{2eq}).

Emisiones totales según las actividades			
	$MtCO_{2eq}$	%	tCO_{2eq}/hab
Total	52.010	100,0 %	6,78
Energía	35.600	68,4 %	4,64
Industria y usos	5.960	11,5 %	0,78
Agricultura	10.450	20,1 %	1,36
Emisiones para energía según las regiones del mundo			
	Población Mhab	Emisiones de CO_{2eq}	
		$MtCO_{2eq}$	tCO_{2eq}/hab
Mundo	7.673	35.600	4,64
OCDE	1.365	12.490	9,15
No-OCDE	6.309	23.110	3,66
África	1.305	1.450	1,11
América del Norte	494	6.270	12,70
América del Sur	503	1.270	2,52
Asia y Oceanía	4.176	18.000	4,31
Eurasia	297	2.660	8,94
Europa	624	3.960	6,35
Oriente Medio	258	1.990	7,72

Tabla 4. Emisiones de gases de efecto invernadero (2019). Fuente: elaboración propia a partir de los consumos de combustible fósil.

El vapor de agua y las nubes también inciden en el efecto invernadero, pero este se autorregula mediante la evaporación y las lluvias, y la actividad humana prácticamente no tiene incidencia en ello. En cambio, el CO_2 y otros gases de efecto invernadero son acumulativos y permanentes. El metano en la atmósfera perdura unos años, se oxida y se transforma en CO_2; por lo tanto, su efecto a largo plazo es menos grave que a corto plazo.

¿Dónde se producen y cómo se distribuyen las emisiones de gases de efecto invernadero? Su estimación es muy compleja. La tabla 4 proporciona valores basados en datos de la FAO (Faostat) que incorporan los análisis del Grupo Intergubernamental sobre el Cambio Climático (Intergovernmental Panel on Climate Change, IPCC). A menudo, cuando se habla de emisiones, se hace referencia a la quema de combustibles fósiles para obtener energía, y ciertamente, son el componente principal (68,4% del total), con 35.600 millones de toneladas por año en 2019; sin embargo, más allá de la energía, no se deben pasar por alto las emisiones producidas por la industria y ciertos usos, que representan el 11,5%, y las relacionadas con la agricultura, la ganadería y la silvicultura, que son un 20,1% adicional. En total, 52.010 millones de toneladas de CO_{2eq}, es decir, 6,72 toneladas por habitante y año.

En cuanto a los gases que inciden en el efecto invernadero, el principal es el anhídrico carbónico (CO_2), resultado directo de la combustión, con el 71,4% del total; después viene el metano (CH_4),

19,7%, procedente de fugas y actividades agrícolas y ganaderas; a continuación están los óxidos nitrosos (NO_x), que se forman en combustiones a altas temperaturas, 5,7%, y, finalmente, los gases fluorados, 3,3%.

En cuanto a las regiones, y en relación solo con la energía, las emisiones se distribuyen entre el 35,1% en los países de la OCDE y el 64,9% en los países No-OCDE. Cuando se analizan las emisiones per cápita, las diferencias son más evidentes: el promedio mundial es de 4,64 toneladas de CO_{2eq} por persona. En los países de la OCDE, esta cifra es casi el doble (9,15) y en los países No-OCDE es apenas el 80% (3,66).

El análisis de las emisiones por regiones constata la incidencia que tiene el disponer de recursos fósiles propios: las emisiones de CO_{2eq} per cápita de América del Norte (12,70) duplican las de Europa (6,35), que también son superadas por las de Oriente Medio (7,72) y las de Eurasia (8,94). Destaca el bajo valor de las emisiones de América del Sur (2,52) y el bajísimo valor de las de África (1,11). Los países del Sur y el Sudeste de Asia (sin China y sin los países de la OCDE de Asia y Oceanía), que suman 2.550 millones de habitantes, tienen emisiones per cápita no muy alejadas de las de África (1,89). China, la fábrica del mundo y que utiliza carbón, tiene emisiones de 7,67 toneladas de CO_{2eq} per cápita.

Consumos y emisiones acumuladas

Una cosa son las emisiones actuales de gases de efecto invernadero de un país o una región y otra cosa son las emisiones acumuladas por estos países o regiones a lo largo de la historia desde el inicio de la Revolución Industrial. Se argumenta que el desarrollo alcanzado por cada sociedad tiene que ver con el uso acumulado de recursos fósiles de alta intensidad. Y, en buena medida, esto es así.

A continuación se compara para el mundo, la OCDE y No-OCDE, y para las regiones y algunos países, el consumo de fósiles per cápita en 2019 (medido en energía), el consumo acumulado per cápita desde 1750, las emisiones per cápita en 2019 (derivadas de la quema de fósiles) y las emisiones per cápita acumuladas desde 1750. Los consumos y las emisiones acumuladas per cápita se han establecido en función de la población de 2019. La tabla 5 proporciona los valores.

Los consumos de energía del año 2020 fueron anormalmente bajos debido a la pandemia de la Covid-19, los cuales han tendido a recuperarse posteriormente. El año anterior, en 2019, el consumo de fuentes primarias fósiles en el mundo fue de 16,110 kWh/hab y el consumo acumulado de fuentes fósiles desde 1750 fue de 760,500 kWh per cápita (referido a los habitantes de 2019).

La tabla 5 muestra las enormes diferencias entre países y regiones. En 2019, el consumo per cápita en los países de la OCDE (33,870 kWh/hab) era 2,8 veces el de los países No-OCDE, y el consumo acumulado per cápita entre 1750 y 2020 (2.535.000 kWh/hab) era 7,1 veces superior. El hecho de que los principales países de la OCDE fueran los pioneros de la Revolución Industrial explica que las diferencias entre los consumos acumulados del año 2019 sean mayores.

En 2019 destaca el elevadísimo consumo per cápita de América del Norte (48.290 kWh/hab), más de doce veces el de África (3.930); siguen Eurasia (34.440) y Oriente Medio (31.750), regiones productoras de fósiles. A pesar del nivel de vida elevado, el consumo per cápita de Europa (23.320) es menos de la mitad del de América del Norte y menor que el de Eurasia y Oriente Medio. Finalmente, y con valores superiores a los de África, siguen Asia y Oceanía (13.630) y América del Sur y Central (9.460).

	Población Mhab	Energía (kWh/hab)		Emisiones (tCO_2/hab)	
		2019	1750-2019	2019	1750-2019
Mundo	7.673	16.110	700.000	4,64	211
OCDE	1.365	33.870	2.535.000	9,15	697
No-OCDE	6.309	12.300	355.000	3,67	106
África	1.305	3.930	110.000	1,11	34
América del Norte	494	48.290	3.235.000	12,70	937
América del Sur	503	9.460	350.000	2,52	98
Asia y Oceanía	4.176	13.630	325.000	4,31	105
Eurasia	297	34.440	2.195.000	8,94	625
Europa	624	23.320	1.970.000	6,35	618
Oriente Medio	258	31.750	770.000	7,72	208

Tabla 5. Fósiles. Consumos y emisiones de gases de efecto invernadero per cápita en 2019 y acumulados 1750-2019 (mundo y regiones). Fuente: elaboración propia a partir de datos de población de WB, consumos de AIE y emisiones de CDIAC.

Los consumos de fósiles acumulados per cápita son aún más divergentes según los tiempos en que se inició su uso: el valor de América del Norte (3.235.000 kWh/hab) es treinta veces el de África (110.000); luego viene el de Eurasia (2.195.000), seguido de cerca por el de Europa (1.970.000); en cambio, el consumo acumulado de Oriente Medio, de desarrollo más reciente, es menos de la mitad (770.000). Las últimas regiones antes de África son América del Sur y Central (350.000) y Asia y Oceanía (325.000 kWh).

En cuanto a las emisiones, el patrón es similar al de los consumos. La relación es aún más alta en las regiones que se desarrollaron en el siglo XIX y la primera mitad del XX debido a las mayores emisiones por unidad de energía del carbón respecto a los hidrocarburos (petróleo y gas natural).

Las emisiones en el año 2019 para el conjunto del mundo fueron de 4,64 toneladas de CO_2 per cápita (tCO_2/hab), cifra que se eleva a 9,15 en los países de la OCDE y baja a 3,67 en los países No-OCDE (2,5 veces inferior). Las emisiones acumuladas entre 1750 y 2019 para el conjunto del mundo son de 211 toneladas de CO_2 por habitante, 697 en los países de la OCDE y 106 en los No-OCDE (6,5 veces menos). La primera región en emisiones acumuladas per cápita es América del Norte (937), seguida de Eurasia y Europa (625 y 618), Oriente Medio (208), Asia y Oceanía (105), América del Sur y Central (98) y África (34).

A continuación se analizan algunas subregiones y países (tabla 6).

En cuanto a Asia y Oceanía, se han considerado las subregiones siguientes: China, los países de la OCDE-Pacífico (Australia, Corea del Sur, Japón, Nueva Zelanda y Taiwán) y el resto (principalmente el subcontinente indio y el sudeste asiático). China tiene consumos y emisiones per cápita medios (similares a los de Europa), pero valores acumulados bajos debido a su desarrollo reciente. Los países de la OCDE-Pacífico tienen valores elevados en consumos y en emisiones tanto en el año 2019 como acumuladas en el período 1750-2019. Finalmente, el resto de Asia (que suma 2.547 millones, un tercio de los habitantes del planeta) presenta unos valores muy bajos, equiparables a los de África. La suma de África y Asia del Sur y del Sudeste (la mitad de la población mundial) vive con menos del 19 % de la energía o las emisiones per cápita de los países de la OCDE y con menos del 6 % de sus valores acumulados per cápita.

En cuanto a Europa, se han establecido tres subregiones: Europa del Norte (los países anglosajones), Europa del Este (principalmente los países eslavos) y Europa del Sur (los países mediterráneos de la OCDE, incluida Turquía). Tanto los consumos y emisiones per cápita como los valores acumulados per cápita van disminuyendo de la primera subregión a la tercera; probablemente el clima tiene incidencia, pero también el hecho de que los países del sur casi no tienen recursos fósiles en sus territorios.

	Población	Energía (kWh/hab)		Emisiones (tCO_2/hab)	
	Mhab	2019	1750-2019	2019	1750-2019
Asia y Oceanía	4.176	13.630	325.000	4,31	105
China	*1.398*	*23.370*	*465.000*	*7,67*	*158*
OCDE-Pacífico	*232*	*36.700*	*1.600.000*	*10,68*	*482*
Resto Asia y O.	*2.547*	*6.180*	*135.000*	*1,89*	*41*
Europa	624	23.320	1.970.000	6,35	618
Europa Norte	*229*	*28.270*	*3.070.000*	*7,55*	*979*
Europa Este	*114*	*21.200*	*1.810.000*	*6,29*	*585*
Europa Sur	*280*	*20.140*	*1.130.000*	*5,39*	*336*
Estados Unidos	328	59.240	4.280.000	15,70	1.249
Reino Unido	67	23.960	3.620.000	6,05	1.182

Tabla 6. Fósiles. Consumos y emisiones de gases de efecto invernadero per cápita (Asia y Oceanía, Europa y estados pioneros). Fuente: elaboración propia a partir de datos de población de WB, datos de consumos de energía de AIE y de las emisiones de CDIAC.

Finalmente, se analizan dos de los países pioneros en la Revolución Industrial. Tanto los Estados Unidos como el Reino Unido tienen consumos acumulados de más de 3.600.000 kWh por habitante y emisiones acumuladas de más de 1.150 toneladas de CO_2 por habitante, pero en 2019 los consumos y las emisiones per cápita de los Estados Unidos son 2,5 veces superiores a las del Reino Unido.

Los balances energéticos de la AIE

Cada uno de los recursos energéticos sigue un itinerario a través de diversas operaciones y transformaciones desde la fuente natural hasta la energía útil que satisface nuestras necesidades. Así, el petróleo se extrae de un pozo subterráneo, se almacena y se transporta hasta una refinería donde se separan las diferentes fracciones (propano y butano, gasolina, gasóleo, queroseno, aceites pesados, parafinas y betunes) —algunas de ellas destinadas a materiales—, luego se transportan nuevamente hasta su destino y se distribuyen en gasolineras o depósitos para su consumo. La radiación solar, en cambio, a través de paneles fotovoltaicos se transforma en electricidad que luego se debe ondular y elevar su tensión para inyectarla a la red y, en caso de no poder ser absorbida, almacenarla en baterías u otros sistemas.

Las fuentes de energía se pueden agrupar en no renovables y renovables.

Las fuentes no renovables provienen de recursos en forma de existencias finitas de materias de la naturaleza (el uranio y los combustibles fósiles, carbones, petróleos y gas natural), de los cuales, como ya se ha dicho, calificamos de reservas la parte que se puede extraer en las actuales condiciones técnicas y económicas. Actualmente alimentan el 85 % del mix energético mundial.

Las fuentes renovables provienen fundamentalmente de la energía de la radiación solar y formas derivadas, como son las corrientes y saltos de agua, los vientos o la biomasa, que alimentan el 15 % restante del mix energético mundial. También existe el aprovechamiento de la energía geotérmica del calor interior de la Tierra y la energía de las mareas que proviene de las fuerzas gravitatorias entre la Tierra y la Luna, que tienen una incidencia insignificante en el mix energético mundial.

La principal información de la que disponemos a escala mundial sobre la energía son los balances energéticos de la AIE desde 1973, los cuales están publicados desde 1990 hasta 2020. Estos balances comienzan contabilizando los recursos primarios obtenidos para cada fuente energética y en cada uno de los territorios considerados (estados o agrupaciones de estados), medidos en energía térmica. En la época de los fósiles y del uranio (y sumando la biomasa y la geotérmica) esto tiene sentido, ya que más del 95 % del mix energético mundial pasa por una etapa térmica.

A continuación se presentan los itinerarios energéticos contenidos en los balances de la AIE desde los recursos primarios obtenidos (*production*, según la terminología de la AIE) pasando por los recursos primarios suministrados (TPES, *total primary energy supply*) hasta la energía final (TFC, *total final consumption*). A efectos de presentación, se desglosa el balance energético en dos partes: la de los recursos no renovables (carbón, petróleo y derivados, gas natural y uranio); y la de los recursos renovables, la hidroeléctrica, un cajón de sastre (que incluye la fotovoltaica, la eólica, la solar térmica, la geotérmica y la marina), y la biomasa (que también incluye los biocarburantes y la energía procedente de residuos).

En la presente exposición se realizan los siguientes cambios interpretativos respecto a los balances de la AIE:

a) En los balances de los países (pero no en el balance mundial), la AIE descuenta la energía utilizada en la navegación y la aviación internacionales, que son fundamentalmente derivados del petróleo. Nosotros creemos que no se debe descontar.
b) En la energía final de la AIE se incluye una sección de usos no energéticos, principalmente hidrocarburos destinados a materiales (plásticos, lubricantes, pinturas, fertilizantes, etc.). Nosotros pensamos que se deben descontar al principio, ya que no son propiamente energía; por lo tanto, distinguimos entre recursos primarios (con los usos no energéticos) y energía primaria (descontados estos usos).

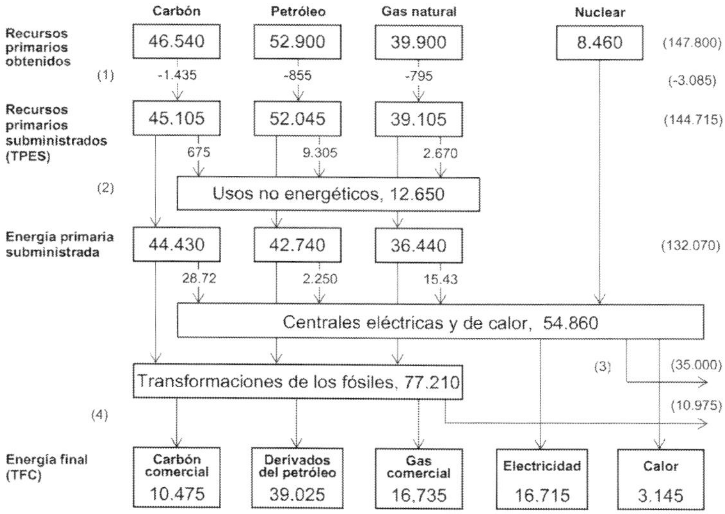

Energía final de No Renovables 86.095, 59,5% de la energía primaria

(1) Importaciones (+), exportaciones (-) y cambios de *stocks*; en los países y regiones, los balances energéticos de la AIE descuentan la energía de la navegación y la aviación internacionales.
(2) Combustibles fósiles usados como materias primas (polímeros, lubricantes, asfaltos, fertilizantes artificiales
(3) Pérdidas en los procesos de generación de electricidad y calor
(4) Pérdidas en los procesos para obtener los combustibles comerciales

Figura 2. Esquema de balance energético de las fuentes NO RENOVABLES (valores en TWh, correspondientes al balance energético mundial de 2019). Fuente: elaboración propia con base en los datos de la AIE.

Recursos no renovables. Itinerario energético según los balances de la AIE (figura 2).

La primera fila de los balances energéticos de la AIE incluye los recursos primarios obtenidos en cada territorio. En cuanto a la energía nuclear, se considera que el recurso primario nuclear se encuentra en el país donde está la central nuclear, no en el país de donde se ha extraído el uranio. Los balances de la AIE los denominan simplemente *production* y en la figura 2 los hemos llamado *recursos primarios obtenidos*. Para el año 2019, suman 147.800 TWh (1 TWh = mil millones de kWh). Luego hemos agrupado un conjunto de filas que incluyen las importaciones y exportaciones de recursos primarios, las variaciones de *stocks* y donde, para los países y agrupaciones de países (pero no para el conjunto del mundo), se descuentan los consumos de la navegación y la aviación internacionales. En el balance energético mundial esta variación es pequeña (-3.085 TWh en 2019), pero en los países y agrupaciones de países puede ser muy importante en función de las importaciones y exportaciones de recursos fósiles.

En la fila siguiente están los *recursos primarios suministrados*, que en los balances de la AIE constan como TPES, *total primary energy supply*. En el mundo suman (contando la energía nuclear) 144.715 TWh.

A continuación hemos restado los recursos fósiles que se destinan a usos no energéticos (materias primas) y hemos definido el concepto de *energía primaria suministrada*, que es la que se destina propiamente a usos energéticos. Los usos no energéticos suman 12.650 TWh, el 8,7 % de los recursos primarios suministrados, y la energía primaria suministrada de las fuentes no renovables (incluida la energía nuclear) es de 132.070 TWh.

A partir de aquí hay transformaciones hasta llegar a los vectores energéticos de la energía final.

La primera gran transformación corresponde a los recursos que alimentan las centrales para generar electricidad y calor (54.860 TWh), donde se destina toda la energía nuclear y una parte importante de la energía de los fósiles, especialmente del carbón (28.780 TWh) y del gas natural (15.430 TWh). Todas las centrales son termoeléctricas (incluidas las nucleares), de manera que las leyes termodinámicas imponen pérdidas importantes y el rendimiento global (incluida la cogeneración) es bajo, del 34,8 %.

El resto de fósiles primarios (77.210 TWh) se convierte en combustibles comerciales (66.235 TWh en total). En estas transformaciones, que tienen un rendimiento global alto (87,4 %), destacan la obtención de los derivados del petróleo (39.025 TWh) e incluyen también algunos sólidos que se transforman en líquidos o gases y algunos gases que se transforman en líquidos.

Recursos renovables. Itinerario energético según los balances de la AIE (figura 3).

La primera fila debería incluir los recursos primarios; esto ocurre con la biomasa (la leña y los residuos), pero no con los recursos primarios de la energía fotovoltaica, la hidroeléctrica, la eólica, la geotérmica o la marina, que son la radiación solar, las corrientes y saltos de agua, los vientos, las mareas o el calor del subsuelo, todos ellos flujos de la naturaleza de difícil evaluación. Los balances de la AIE optan por hacer constar la energía eléctrica o el calor generados, que, de hecho, son vectores energéticos, y no energía primaria.

La totalidad de la energía hidroeléctrica, la mayor parte de las otras energías renovables (fotovoltaica, eólica, termosolar, geotérmica o marina) y una parte menor de la biomasa y los residuos (en total, 9.820 TWh) se transforman en electricidad (6.130 TWh) y calor (415 TWh), y la diferencia son las pérdidas.

Una pequeña parte de las otras energías renovables se usa directamente como calor (640 TWh), y la mayor parte de la biomasa se transforma en combustibles: la leña (especialmente importante en África y el sudeste asiático), los pellets, el carbón vegetal, los biocarburantes (usados sobre todo en Estados Unidos, Europa y Brasil) y otros (en total, 12.060 TWh). La generación eléctrica en energías renovables tiene un rendimiento del 65,2%, casi el doble que el de las energías no renovables.

En conjunto, el sistema energético mundial de 2019 (renovable y no renovable) parte de un suministro de energía primaria (descontados los usos no energéticos) de 155.820 TWh y llega a una energía final de 105.355 TWh, con un rendimiento global del 67,6%.

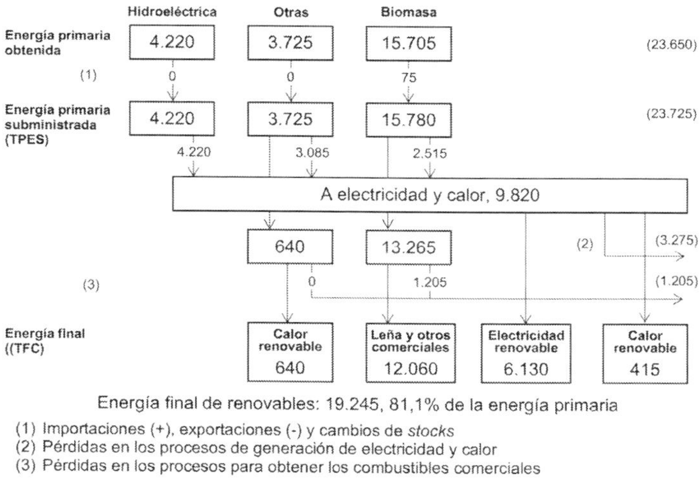

Figura 3. Esquema de balance energético de las fuentes renovables (valores en TWh, correspondientes al balance energético mundial de 2019). Fuente: elaboración propia basada en los datos de la AIE.

La distribución de vectores de energía final es de 66.235 TWh de combustibles comerciales derivados de los fósiles (62,9% del total), 12.060 TWh de combustibles comerciales derivados de la biomasa y los residuos (11,4 %), 22.845 TWh de electricidad (21,7 %) y 4.200 TWh de diferentes formas de calor (4,0 %).

La distribución de la energía final

Los balances energéticos de la AIE concluyen con la distribución de los vectores energéticos de la energía final entre diferentes sectores de actividad. Concretamente, entre los ocho siguientes: industria, transporte, residencial, comercial y servicios públicos, agricultura/forestal, pesca, no especificado y usos no energéticos. El último ya lo hemos descontado al principio, y los restantes los hemos agrupado en los seis siguientes: 1) agricultura-pesca-forestal; 2) industria (incluye la minería y la construcción); 3) comercial y servicios públicos; 4) transporte; 5) residencial; y 6) sector no especificado (incluye, entre otros, los usos militares). Al mismo tiempo, hemos agrupado los vectores energéticos de acuerdo con tres tipos de usos: a) térmicos, b) de movilidad (mecánicos) y c) eléctricos.

Sobre la base de los valores de los balances energéticos, la tabla 7 presenta la distribución de la energía final mundial de 2019 según los criterios expuestos.

En primer lugar, se observa la importancia de los usos térmicos en la energía final (45,3 %), seguidos de los usos de movilidad y de los usos eléctricos. Más adelante veremos que el peso de los usos de movilidad disminuye significativamente en la energía útil.

Por otro lado, los sectores más consumidores de energía final son la industria y el transporte (32,1 % y 31,4 %, respectivamente), seguidos a cierta distancia del sector residencial (23,3 %). Los usos energéticos del sector comercial y de servicios públicos son mucho menores (8,9 %), y los sectores primarios (agricultura, que incluye ganadería, pesca y forestal) y el no especificado aparecen como casi residuales.

	Total		Térmicos	Movilidad	Eléctricos
Energía final	**104.620** 100,0 %	100,0 %	**47.745** 45,3 %	**34.025** 33,0 %	**22.845** 21,7 %
Agricultura	2.565	2,5 %	490	1.320	755
Industria	33.605	32,1 %	24.040	0	9.565
Comercial	9.350	8,9 %	4.500	0	4.850
Transporte	33.600	31,4 %	0	33.180	420
Residencial	24.380	23,3 %	18.310	0	6.070
No especificado	1.850	1,8 %	405	255	1.190

Tabla 7. Mundo, 2019. Distribución de la energía final (AIE) según sectores de actividad y tipos de usos. Fuente: elaboración propia a partir de los datos de la AIE.

Sin embargo, estos valores requieren un comentario. Si a los sectores primarios se les suman los insumos industriales (fertilizantes, fitosanitarios, piensos) y de transporte, la proporción de los usos energéticos asciende al 6%, como se pone de manifiesto en el capítulo 3, cuando se analiza la alimentación. El peso de los usos energéticos del transporte al pasar de la energía final a la útil disminuye significativamente, lo cual es una buena noticia para la transición energética. Por otro lado, el sector no especificado debería incluir los usos energéticos militares, pero, como se constata en los balances energéticos de la AIE de los países con los mayores ejércitos del mundo, las cifras son nulas o no creíbles.

Finalmente, es interesante señalar las diferentes ponderaciones de los sectores entre los países de la OCDE (de rentas más altas) y los países No-OC-

DE. Tomando como referencia la distribución de la energía final mundial entre los sectores (tabla 7), los países de la OCDE tienen porcentajes más altos en los sectores del transporte (+8,7%, que traduce el peso del vehículo privado) y del comercio y servicios (+4,9%), mientras que son menores los de los sectores industrial (-9,0%) y residencial (-3,3%). En cambio, en los países No-OCDE las tendencias son de sentido contrario: los porcentajes son mayores en los sectores industrial (+6,3%, muchos de estos países se han convertido en la fábrica del mundo) y residencial (+2,5%), mientras que son inferiores los de los sectores del transporte (-6,5%) y del comercio y servicios (-3,3%).

La energía útil y los itinerarios energéticos completos

La energía final es un concepto adecuado para un sistema energético centralizado donde algunas grandes empresas (eléctricas, carboneras, petroleras, gasistas y sus colaboradoras) controlan todo el sistema. La energía final engloba los vectores energéticos (electricidad, combustibles comerciales) que estas empresas venden a los usuarios, y es el final de la parte del itinerario que estas compañías controlan.

La comparación entre el automóvil de motor térmico y el de motor eléctrico nos hace ver que el itinerario de transformaciones energéticas continúa después de la energía final hasta la *energía útil*. El combustible del depósito de un automóvil térmico se transforma, mediante el motor térmico, en energía mecánica que se transmite a la rueda, que es la que verdaderamente impulsa el vehículo. En el automóvil eléctrico sucede algo similar: la energía de la batería proporciona electricidad, que, mediante un motor eléctrico, se transforma en energía mecánica que se transmite a la rueda.

Un automóvil promedio requiere una energía en la rueda de 0,105 kWh para avanzar 1 km en plano. Si el motor es térmico y consume 5,9 litros de gasolina por cada 100 km (o sea, 0,525 kWh/km), el rendimiento entre la energía final (gasolina del depósito) y la energía útil (impulso mecánico a la rueda) es del 20%. Si el motor es eléctrico y consume 0,15 kWh de la batería por cada km, el rendimiento entre la energía final (electricidad de la batería) y la energía útil (impulso mecánico a la rueda) es del 70%. Por lo tanto, el punto de referencia común a las dos alternativas es la energía útil en la rueda, no la energía final.

¿Cuál es la diferencia entre las pérdidas en el motor térmico de un automóvil y las pérdidas en una central termoeléctrica? Pues que estas últimas caen dentro del ámbito de operaciones de las grandes compañías energéticas, mientras que las primeras se producen cuando el usuario del automóvil lo pone en marcha, de manera que los balances energéticos de la AIE ya no las consideran.

Por lo tanto, se necesita una última etapa en el itinerario energético, la *energía útil*, que tenga en cuenta las pérdidas en las transformaciones de los usuarios. La energía útil es aquella que se sitúa frente a los aparatos y las máquinas y las hace funcionar realmente para que produzcan los efectos deseados.

¿Cómo evaluar la energía útil?

Partimos del cuadro de valores de la energía final proporcionado por los balances energéticos de la AIE y aplicamos, para cada vector energético y para cada sector de actividad, los rendimientos siguientes: a) para los combustibles destinados a usos térmicos, el 80%, con el fin de tener en cuenta las pérdidas en los gases de combustión o debidas a aislamientos imperfectos; b) para los usos eléctricos, el 80%, dadas las pérdidas en los sistemas de distribución y adecuación de la electricidad; c) para los combustibles destinados a usos de movilidad, el 25%, porcentaje que es un promedio ponderado entre los diferentes tipos de vehículos (motocicletas, automóviles, camiones, ferrocarriles diésel, barcos y aviones). Hay algunos otros rendimientos aplicados a ciertos casos particulares.

A partir de la energía final, también se ha realizado el ejercicio de proyectar sus valores aguas arriba hacia las energías primarias sobre la base de los rendimientos que los mismos balances energéticos permiten estimar. La tabla 8 muestra el cuadro de energía final (tipo de uso y sectores de actividad) y sus proyecciones aguas arriba hacia la energía primaria y aguas abajo hacia la energía útil.

Energía primaria (EP)					
	Total		Térmicos	Movilidad	Eléctricos
Todos los sectores	**155.820**	100,0 %	**55.510**	**40.015**	**60.295**
	100,0 %		35,6 %	25,7 %	38,7 %
Agricultura	4.105	2,6 %	565	1.555	1.985
Industria	53.460	34,3 %	28.215	0	25.245
Comercial	18.090	11,6 %	5.290	0	12.800
Transporte	39.265	25,2 %	0	38.160	1.105
Residencial	36.985	23,7 %	20.960	0	16.025
No especificado	3.915	2,5 %	480	300	3.135
Energía final (EF)					
	Total		Térmicos	Movilidad	Eléctricos
Todos los sectores	**104.620**	100,0 %	**47.745**	**34.025**	**22.850**
% tipo de uso	100,0 %		45,7 %	32,5 %	21,8 %
% EP	67,1 %		86,0 %	85,0 %	37,9 %
Agricultura	2.565	2,5 %	490	1.320	755
Industria	33.605	32,1 %	24.040	0	9.565
Comercial	9.350	8,9 %	4.500	0	4.850
Transporte	32.870	31,4 %	0	32.450	420
Residencial	24.380	23,3 %	18.310	0	6.070
No especificado	1.850	1,8 %	405	255	1.190
Energía útil (EU)					
	Total		Térmicos	Movilidad	Eléctricos
Todos los sectores	**64.985**	62,1 %	**38.200**	**8.510**	**18.275**
% tipo de uso	100,0 %		58,8 %	13,1 %	28,1 %
% EP	41,7 %		68,8 %	21,3 %	30,3 %
Agricultura	1.325	2,0 %	395	330	600
Industria	26.885	41,4 %	19.230	0	7.655
Comercial	7.480	11,5 %	3.600	0	3.880
Transporte	8.450	13,0 %	0	8.115	335
Residencial	19.505	30,0 %	14.650	0	4.855
No especificado	1.340	2,1 %	325	65	950

Tabla 8. Mundo, 2019. Relaciones entre la energía primaria (EP), la energía final (EF) y la energía útil (EU) según sectores de actividad y tipos de usos. Fuente: elaboración propia a partir de los datos de la AIE.

El análisis de la Tabla 8 proporciona muchos datos de interés.

En primer lugar, debemos constatar que, en el actual sistema fósil y nuclear, la energía final a escala mundial ya representa pérdidas de 51.200 TWh (32,9% de la energía primaria), pero cuando se llega a la energía útil, las pérdidas son de 90.835 TWh (58,3% de la energía primaria, más de la mitad).

En segundo lugar, la mayor parte de estas pérdidas se producen en la generación de electricidad, en gran parte a partir de fuentes térmicas, 37.450 TWh (24,0% de la energía primaria), y en los motores térmicos de los vehículos entre la energía final y la energía útil, 24.335 TWh (15,6% de la energía primaria).

La rendimiento global entre la energía primaria y la útil en los usos térmicos es relativamente alta, del 68,8%. En cambio, los rendimientos en los usos de movilidad y eléctricos son mucho más bajos, del 21,3% y del 30,3%, respectivamente. Esto se debe, fundamentalmente, a las limitaciones impuestas por las leyes termodinámicas. De hecho, el sistema energético actual basado en combustibles fósiles y uranio transforma una parte importante de la energía térmica concentrada pero de baja calidad en energías de mayor calidad, como la mecánica (movilidad) y la eléctrica.

Se observa que en la energía útil predominan los usos térmicos (58,8%), mientras que los de movilidad y los eléctricos son mucho más bajos (13,1% y 28,1%, respectivamente). Esto tendrá consecuencias en la transición energética, que se analiza más adelante. Ahora la energía térmica es abundante y, en cambio, la movilidad y la electricidad son muy costosas energéticamente; en el futuro sistema renovable, la electricidad será la energía más abundante y, en cambio, escasearán los recursos térmicos.

También es importante señalar que los sectores que requieren más energía útil son el industrial (41,4%) y el residencial (30,0%), ambos con un fuerte componente de usos térmicos. Por otro lado, el transporte, que, visto desde la energía final (antes de la transformación de los motores térmicos), se situaba en segundo lugar justo después de la industria, con el 31,4%, en la energía útil participa solo con el 13,0%. Esta es una buena noticia para la transición energética, que deberá sustituir los derivados del petróleo por sistemas de tracción eléctrica, mucho más eficientes.

Finalmente, es relevante señalar también las diferentes ponderaciones de los sectores en la energía útil entre los países de la OCDE (de rentas más altas) y de los países No-OCDE: van en el mismo sentido que la energía final, pero las diferencias son menores. En los países de la OCDE son más altos los porcentajes de los sectores del transporte (+5,1%) y del comercio y servicios (+7,8%), mientras que son más bajos los de los sectores industrial (-9,2%) y residencial (-2,2%). En cambio, en los países No-OCDE son más altos los porcentajes de los sectores industrial (+5,3%) y residencial (+1,3%), y son más bajos los del transporte (-2,9%) y los del comercio y servicios (-4,5%).

Capítulo 3

Los usos de la energía

¿En qué utilizamos nuestra energía?

Los balances de la AIE agrupan los usos en unos sectores disjuntos, que son: 1) industria, 2) transporte, 3) residencial, 4) comercial y servicios públicos, 5) agricultura/bosques, 6) pesca y 7) no especificado. Además, incluye un sector de usos no energéticos referidos a fósiles (especialmente derivados del petróleo) utilizados como materias primas.

Esta clasificación de sectores de la AIE está concebida para evitar las dobles contabilizaciones, pero no pone de manifiesto los verdaderos costos energéticos de ciertos bienes, servicios o actividades. Haciendo un símil con la economía, es posible establecer una contabilidad analítica de la energía que, en un momento de grandes cambios como el presente (en la energía, en los materiales y en las tecnologías), permita analizar los costes energéticos de diferentes alternativas y ayude a fundamentar la toma de decisiones. Por ejemplo: el automóvil térmico versus el automóvil eléctrico, los cultivos de biocarburantes versus los parques fotovoltaicos, el uso del aluminio en ventanas y puertas versus el uso de la madera, etc.

En este capítulo se hace una aproximación a los usos de la energía en tres campos de actividad significativos, cada uno de los cuales absorbe cerca de un tercio del sistema energético mundial. Sin embargo, no tiene sentido sumar estos usos energéticos, ya que hay elementos comunes que dan lugar a doble contabilidad, al mismo tiempo que tampoco cubren la totalidad de las actividades humanas. Estos campos de actividad son: a) la alimentación humana, b) el transporte y c) la obtención de los principales materiales.

Los balances energéticos de la AIE asignan unos usos energéticos a la agricultura y ganadería mundiales del orden del 2,5% de la energía final. Pero la alimentación va mucho más allá de la agricultura y la ganadería. En primer lugar, estas actividades primarias requieren *inputs* (los abonos y los piensos) que los balances de la AIE asignan al sector industrial, o al transporte previsto en el sector del mismo nombre. Y, aún más, la alimentación comprende la industria alimentaria, las actividades de preparación doméstica de los alimentos y los servicios de restauración, incluidos en los sectores industrial y de servicios. Como se verá más adelante, la alimentación humana requiere el 30% de todo el sistema energético humano.

Los usos energéticos en los sistemas de transporte son otro de los campos analizados en este capítulo. En estos casos, la energía directa son los carburantes para los motores térmicos y un ínfimo porcentaje de electricidad, que suman más del 30% de la energía final mundial. Sin embargo, hay que añadir la energía usada en la fabricación de los vehículos y en la construcción de las infraestructuras del transporte. Hay que advertir que, debido al bajo rendimiento de los motores térmicos actuales, la energía útil (en la rueda, la hélice, o a la salida de los turborreactores) es mucho menor, del orden del 13%, base sobre la cual se deberá establecer el nuevo sistema de transporte renovable.

Finalmente, este capítulo analiza los requerimientos energéticos para la obtención y transformación de los principales materiales destinados a la fabricación de productos y a la construcción de edificios e infraestructuras, en su mayor parte incluidos en el sector industrial de los balances de la AIE. Los usos energéticos y las emisiones de CO_2 de los 20 primeros materiales (comenzando por el acero, el cemento, los plásticos y el aluminio) absorben a escala mundial más del 30% del mix energético y generan más del 30% de las emisiones debido a la energía y otros procesos asociados.

La cadena alimentaria y la energía

La alimentación es la función que en primera instancia todos los seres vivos debemos cubrir. Sin la energía que proporciona la alimentación para el mantenimiento de todas las funciones vitales y la reconstrucción de los tejidos, cualquier ser vivo muere al cabo de poco tiempo. En el ser humano, la alimentación es uno de los factores clave para entender su evolución.

Los sistemas de alimentación humanos se han caracterizado por su versatilidad y su capacidad de adaptación a entornos muy diferentes. Algunas de estas características son el carácter omnívoro, con alimentos procedentes tanto de recursos vegetales como animales; la incorporación de tecnologías de preparación de alimentos como la cocción, más adelante el cultivo de vegetales y la cría de animales, la conservación de alimentos y el almacenamiento, y también la comercialización y el transporte hasta llegar, hoy en día, a las complejas y variadas culturas relacionadas con la alimentación.

Los antecesores del hombre actual vivían fundamentalmente en selvas donde podían alimentarse de frutas durante todo el año. Sin embargo, hace de 2,5 a 2 millones de años se produjo un cambio climático con una progresiva elevación de las temperaturas y un aumento de la sequedad que generó modificaciones importantes en los ecosistemas africanos: muchas zonas de selvas dieron paso a zonas de sabana con una alta estacionalidad y con épocas de escasez de alimentos.

Para asegurar la supervivencia, nuestros antecesores evolucionaron de una dieta casi exclusivamente vegetariana a otra más rica en proteínas y grasas de origen animal. Con el aumento de la masa encefálica y la simplificación del aparato digestivo, las civilizaciones recolectoras-cazadoras adoptaron estrategias más inteligentes como el desarrollo de herramientas y tecnologías de caza y la preparación y cocción de los alimentos. El cerebro es un órgano muy sofisticado que requiere mucha energía: en los humanos actuales, el 2 % de la masa corporal requiere más del 20 % de la energía del cuerpo humano.

Las dos grandes transformaciones posteriores en la obtención de alimentos han sido la agricultura y la ganadería en el inicio del neolítico y la Revolución Industrial en los últimos 200 años.

Hace unos 10.000 años, y probablemente a causa de la sobrepoblación de humanos, comenzaron la agricultura y la ganadería. Estas técnicas fueron precedidas por la recolección y el almacenamiento de cereales y legumbres silvestres. La domesticación de los vegetales influyó en la evolución de las sociedades humanas, que pasaron de nómadas a sedentarias, y se desarrollaron tecnologías de construcción de viviendas. Las producciones proporcionaban excedentes que se podían guardar para los momentos de escasez e incluso para originar un comercio. El trabajo se especializó y se crearon las clases sociales y las estructuras de poder para preservar y repartir los excedentes. En relación con la alimentación, se pasa de dietas más ricas en proteínas a dietas menos nutritivas pero más abundantes.

La agricultura se expande lentamente a todo el mundo donde los cultivos y las dietas se adaptan a cada entorno ecosistémico. Su evolución es relativamente lenta a lo largo de los siglos y, en cualquier caso, cabe señalar las mejoras de productividad que tuvieron lugar entre los siglos XV y XVIII con ciertas prácticas agrícolas como la rotación de cultivos para preservar la calidad de los suelos.

La segunda revolución agraria fue una consecuencia tardía de la Revolución Industrial gracias al uso de los combustibles fósiles. En los países pioneros de Europa y Estados Unidos, se comenzó a aplicar la máquina de vapor (y más tarde los motores de explosión) en las labores del campo, pero su incidencia no fue perceptible hasta después de la Primera Guerra Mundial, con la aplicación progresiva de fertilizantes sintéticos, el riego forzado y otras mejoras. Después de la Segunda Guerra Mundial, esta nueva agricultura tecnificada se expandió a escala planetaria a través de la llamada Revolución Verde.

La Revolución Verde fue una política de transformación agrícola desarrollada durante los años 1960 a 1990 en países en desarrollo con el objetivo de mitigar el hambre en el mundo. Se basaba en la intensificación de los cultivos (especialmente en monocultivos de cereales) a partir de variedades de alto rendimiento (a menudo con semillas modificadas genéticamente), el uso masivo de fertilizantes químicos y productos fitosanitarios, la generalización del riego forzado y el uso de maquinaria.

Este programa de desarrollo fue posible gracias al acuerdo entre el gobierno de los Estados Unidos y los gobiernos de varios países en desarrollo (México, India, Filipinas) con la aprobación de la FAO, el impulso de diversas fundaciones estadounidenses privadas, como la Rockefeller y la Ford, y el interés de empresas estadounidenses fabricantes de productos para la agroindustria, como Monsanto, Cargill y Dupont.

A corto plazo, la Revolución Verde proporcionó aumentos espectaculares de la productividad agrícola, al tiempo que permitía un gran crecimiento de la población. Sin embargo, con el tiempo, los graves perjuicios ecosistémicos que conlleva se han vuelto cada vez más evidentes, como la muerte biológica de los suelos, el agotamiento de acuíferos, la pérdida de variedades autóctonas y biodiversidad, la eutrofización de las aguas o la contaminación causada por los pesticidas, además de una creciente dependencia de los combustibles fósiles y un empeoramiento de la crisis climática.

Al mismo tiempo, la dependencia de semillas modificadas y productos fitosanitarios de empresas multinacionales, junto con la mecanización intensiva de las labores agrícolas, dejó sin medios de subsistencia a numerosos agricultores pobres en los países en desarrollo y generó un fuerte éxodo rural hacia los barrios marginales de las grandes aglomeraciones urbanas.

En este apartado, nos gustaría analizar tres aspectos relevantes de la relación entre alimentación y energía.

Población y tierras de cultivo

Los ciudadanos urbanos tendemos a ver los suelos simplemente como la base de nuestras edificaciones e infraestructuras, olvidando otras funciones ecosistémicas esenciales, como ser el sustrato de los bosques (el 40 % de las tierras emergidas), prados (el 20 %) y tierras de cultivo (el 10 %), que, entre otras funciones, nos alimentan (los mares y océanos proporcionan solo el 5 % de la dieta mundial) y renuevan la atmósfera. Además, el secuestro de carbono en los suelos (1.600 PgC, o miles de millones de toneladas de carbono), es fundamental para la regulación de la temperatura media de la Tierra y el cambio climático, cuando toda la materia viva (incluidos los bosques) contiene 560 PgC y la atmósfera otros 750 PgC

Los humanos hemos transformado de manera muy significativa los usos de los suelos y, especialmente, la conversión de los ecosistemas naturales en agricultura. A continuación, se analiza a escala mundial, durante los tres últimos siglos aproximadamente, la evolución de la superficie de tierras de cultivo, que, en promedio, alimenta a cada persona. Para tal fin, es necesario contar con estimaciones sobre la evolución histórica de las tierras destinadas a cultivos en relación con la evolución de la población.

En cuanto a las tierras de cultivo, se han utilizado los datos proporcionados a nivel mundial por N. Ramankutty y J. A. Foley, publicados en 1999 en su artículo *Estimating historical changes in global land cover: Croplands from 1700 to 1992*. Estos investigadores, a partir de inventarios y medios de teledetección, obtuvieron una primera representación global de las tierras de cultivo para el año 1992. Luego, compilando una amplia base de datos históricos, reconstruyeron las tierras de cultivo históricas entre 1700 y 1992. Para las tierras de cultivo de las últimas décadas (1961-2020), se han utilizado los datos proporcionados por la FAO en su división estadística Faostat.

Para la población mundial entre 1700 y 1960, se han utilizado los datos históricos del documento *Historical Estimates of World Population* del United States Census Bureau. A partir de esta fecha, la serie se ha complementado con los datos proporcionados por el Banco Mundial.

Para correlacionar estas dos series de datos (población y tierras de cultivo), se ha establecido un gráfico en el que se asigna el valor 100 a los datos de población y tierras de cultivo del año 1700. En aquel momento, la población de la Tierra era de unos 635 millones de personas y las tierras de cultivo eran de aproximadamente 400 millones de hectáreas (4 millones de km^2). Esto da una relación de 0,63 hectáreas de tierras de cultivo por habitante (o 6.300 m^2 por habitante).

A partir de 1700, la población mundial aumenta y las tierras de cultivo también, pero la relación se mantiene relativamente estable: en 1920, la población mundial se había multiplicado casi por tres (1.860 millones de habitantes) y las tierras de cultivo también (1.160 millones de hectáreas), de modo que la relación se había mantenido en 0,62 hectáreas de tierras de cultivo por habitante.

Pero a partir de 1920, las cosas cambian y la población comienza a crecer más rápidamente que las tierras de cultivo: en 1950, la población mundial había aumentado a 2.540 millones de habitantes (incremento del 36,5 % respecto a 1920), mientras que las tierras de cultivo solo habían aumentado hasta 1.315 millones de hectáreas (un incremento del 13,4 %). Por primera vez en el período estudiado, la superficie de tierras de cultivo por habitante disminuía a 0,52 hectáreas por habitante.

A partir de 1950, y coincidiendo con el impulso de la agricultura intensiva y el despliegue de la Revolución Verde, la divergencia entre población y tierras de cultivo se vuelve enorme. De hecho, en 2020 (70 años después), la población mundial era de 7.840 millones de habitantes (tres veces la de 1950), mientras que las tierras de cultivo solo habían crecido hasta 1.560 millones de hectáreas (un incremento del 18,6 % respecto a 1950), de modo que la relación disminuye a 0,2 hectáreas de tierras de cultivo por habitante.

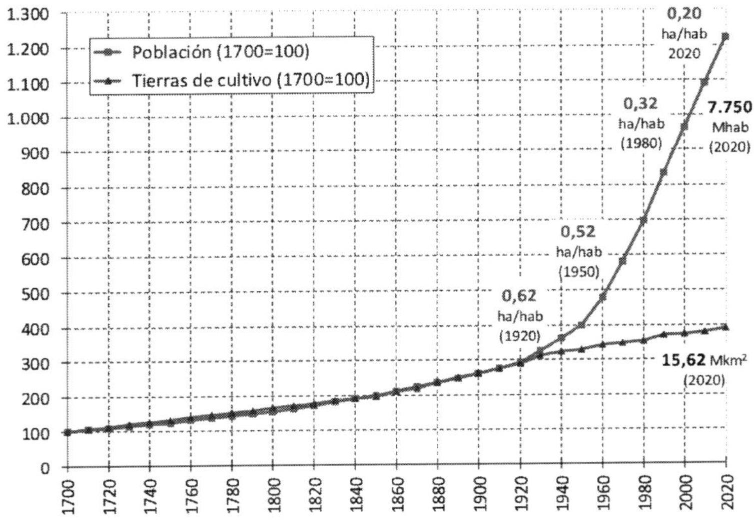

Figura 4. Evolución histórica de la relación entre las tierras de cultivo y los habitantes. Fuente: elaboración propia a partir de los datos sobre tierras de cultivo de Ramankutty y Foley hasta 1960 y datos posteriores de Faostat, y datos de población de USCB hasta 1960 y posteriores del WB.

En una primera lectura, estos resultados pueden interpretarse como un gran éxito de la humanidad al reducir a la tercera parte la superficie necesaria de tierras de cultivo para alimentar a cada habitante de la Tierra. Sin embargo, cuando se estudian más a fondo y, sobre todo, a la luz de la crisis energética y climática actual, estos resultados más bien se convierten en motivo de preocupación seria. A continuación, analizamos esta cuestión en relación con los fertilizantes químicos y la energía.

Como es bien sabido, las plantas requieren, además de la luz del sol, el agua del suelo y el CO_2 de la atmósfera, nutrientes como el nitrógeno para su crecimiento, el fósforo para la función clorofílica y el potasio para el equilibrio hídrico, así como otros nutrientes en proporciones menores, todos ellos absorbidos a través de las raíces. Con las sucesivas cosechas, los suelos se empobrecen y es necesario reponer estos elementos. Tradicionalmente, esta reposición se ha hecho aportando estiércol, restos vegetales y cenizas, y también practicando la rotación de cultivos entre cereales y leguminosas (estas últimas capaces de fijar el nitrógeno atmosférico) o mediante la práctica del barbecho, que consiste en dejar un año, o varios, las tierras en reposo, sin sembrar.

Sin embargo, con el afán de obtener producciones cada vez más elevadas por hectárea, se han ido abonando los campos con fertilizantes sintéticos desde el momento en que se descubrieron los procesos para obtenerlos a finales del siglo XIX. En 1920 se utilizaban en el mundo 3 millones de toneladas de fertilizantes sintéticos, cantidad que se quintuplica en 1950 (unos 15 millones de toneladas). Posteriormente, con el despliegue de la agricultura intensiva y de la Revolución Verde, su uso ha ido creciendo hasta 213 millones de toneladas en 2020. La superficie de tierras de cultivo por habitante en el mundo ha evolucionado en relación inversa al aumento del uso de fertilizantes químicos.

Hoy día, el uso de fertilizantes sintéticos se distribuye aproximadamente en un 60 % de fertilizantes nitrogenados, un 20 % de fertilizantes fosfatados y otro 20 % de fertilizantes potásicos. Los cereales no pueden absorber directamente el nitrógeno de la atmósfera, por lo que es necesario abonar los campos con fertilizantes nitrogenados. Estos se obtienen a partir de amoníaco obtenido con el nitrógeno de la atmósfera y el hidrógeno resultante del proceso de reformado del gas natural, que consume el 5,5 % de este combustible fósil a escala mundial. Por otro lado, los fertilizantes potásicos y fosfatados se obtienen mediante minería, y las reservas mundiales son escasas, para no mucho más allá de 100 años al ritmo de los consumos actuales (además, el 70 % de las reservas mundiales de fosfatos se concentran en un solo lugar, en Bu-Craa, en el Sáhara Occidental).

La agricultura y la ganadería industrializadas, concebidas para maximizar las producciones, minimizar los costos y obtener los máximos rendimientos de la superficie de cultivo y del trabajo humano, han permitido un gran aumento en la producción de alimentos (y, como consecuencia, un crecimiento considerable de la población humana), pero también han hecho que nuestra alimentación dependa de una energía fósil en declive y de minerales escasos.

Al mismo tiempo, las prácticas agrícolas y ganaderas intensivas con la aplicación masiva de semillas modificadas, fertilizantes sintéticos y fitosanitarios, piensos industriales, hormonas y antibióticos, riego forzado y maquinaria, han provocado la muerte orgánica de los suelos, su compactación, salinización y erosión, la contaminación de las aguas subterráneas, la producción masiva de purines contaminantes y otros efectos ecosistémicos nocivos, como la disminución de la biodiversidad o las migraciones humanas a causa de la pérdida de materia orgánica de los suelos.

Desde hace décadas se están proponiendo agriculturas alternativas con diferentes nombres (biodinámica, orgánica, biológica, permacultura, de conservación, regenerativa). En 2021, la FAO resume la agricultura de conservación en tres principios: mínima alteración mecánica del suelo (sin labranza), cobertura vegetal permanente del suelo y rotación de cultivos. La última tendencia es la agricultura regenerativa, que promueve la salud del suelo con un contenido adecuado de materia orgánica y seres vivos. Esta alternativa permite producir alimentos utilizando los recursos propios de la naturaleza mediante técnicas agrícolas, ganaderas y silvícolas adecuadas y gracias a los nuevos conocimientos científicos sobre la dinámica de los suelos y el crecimiento de los seres vivos. La agricultura regenerativa también puede ser una excelente herramienta para la captura de CO_2 y la retención de agua en los suelos. De manera similar, hay movimientos de retorno hacia la ganadería extensiva, que requiere menos *inputs* e inversión pero requiere más territorio y más mano de obra.

Será necesario prestar atención a cómo se produce la transición de una agricultura y ganadería intensivas, solo posibles con los combustibles fósiles, a diferentes formas de agricultura regenerativa y ganadería extensiva.

La cadena alimentaria completa

Los balances energéticos de la Agencia Internacional de Energía (AIE) para el año 2020 y anteriores indican que las actividades de los sectores primarios (agricultura, sector forestal y pesca) consumen aproximadamente el 2,5 % de la energía mundial, un porcentaje que podría sugerir que la alimentación humana requiere muy poca energía.

En cambio, el informe de la FAO de 2011, *Energy-Smart Food for People and Climate*, elaborado según datos de 2008, afirma que el conjunto de actividades de la cadena de alimentación humana requiere el 30 % de la energía del sistema energético humano. Después de diversas consideraciones, creemos que este porcentaje no puede haber variado mucho entre 2008 y la actualidad.

¿Cómo se explica esta aparente contradicción?

La explicación básica es que, en los balances de la AIE, solo se consideran las actividades primarias (agricultura, ganadería, pesca y acuicultura), mientras que en el informe de la FAO también se prevén las actividades secundarias (industria alimentaria) y las terciarias (conservación y preparación domésticas de los alimentos, servicios de restauración) relacionadas con la cadena alimentaria. Aún hay una segunda razón de menor incidencia: los balances de la AIE solo tienen en cuenta la energía utilizada directamente en los sectores primarios (maquinaria, bombas de riego, calefacción de granjas), pero no la energía incorporada a través de los productos que intervienen en estos procesos, como los fertilizantes, los fitosanitarios o los piensos. A continuación, se analiza esta cuestión con más detalle.

Lo primero que sorprende del informe de la FAO es que la parte más pequeña de la energía utilizada en toda la cadena alimentaria (21,2 %) se destina a las actividades primarias que producen los alimentos básicos, de la cual el 12,4 % corresponde a la agricultura, el 6,1 % a la ganadería y el 2,7 % a la pesca y acuicultura. El resto de los usos energéticos se producen en otros sectores relacionados con la alimentación: el 43,4 % en el procesamiento (industria alimentaria) y la distribución (transporte) y el 34,5 % en los sectores terciario y doméstico (venta al por menor, preparación y cocción de alimentos). Traduciendo estos valores a porcentajes globales de la energía (sabiendo que la cadena alimentaria utiliza el 30 % del sistema energético humano), el 6,4 % del mix energético humano se destina a los sectores primarios de la alimentación, el 13,0 % a su procesamiento y distribución, y el 10,4 % a la venta al por menor y a la preparación y cocción de alimentos.

En cuanto a las emisiones antropogénicas de gases de efecto invernadero, el informe de la FAO se refiere al año 2006, en el cual las emisiones globales fueron de 44.200 millones de toneladas de CO_2 equivalente (o $GtCO_{2eq}$), con los efectos del metano, los óxidos nitrosos y otros gases reducidos al equivalente de CO_2.

En este contexto, la generación de gases de efecto invernadero de la cadena alimentaria fue de 9,7 $GtCO_{2eq}$, el 22 % del total. Sin embargo, a diferencia del consumo de energía, las principales emisiones se generan en las actividades primarias (65,5 % del total), siendo la ganadería (35,3 %) la responsable de la mayor parte, seguida de la agricultura (28,3 %). Las emisiones del procesamiento y la distribución representaron el 22,1 %, y las de la venta al por menor y la preparación y cocción de alimentos, el 12,5 % restante.

También es interesante conocer la composición de los gases de efecto invernadero emitidos por la cadena alimentaria: el de mayor impacto es el metano (el 9,5 % de todo el efecto invernadero de origen antropogénico), la mayor parte proviene de la digestión de rumiantes, el cultivo de arroz, los sedimentos anaeróbicos y, en pequeñas cantidades, de la acuicultura; le sigue el CO_2 (el 8 % del efecto invernadero), principalmente de la combustión de combustibles fósiles en los procesos de la cadena alimentaria (la tala de bosques y los cambios de uso del suelo se cuentan aparte); luego vienen los óxidos nitrosos (un 4,5 % adicional del efecto invernadero), la mayoría procedentes de la acción de bacterias del suelo sobre los fertilizantes nitrogenados y otros residuos, y, finalmente, están los gases clorofluorocarbonos, que hacen una pequeña contribución principalmente por las fugas de refrigerantes a lo largo de la cadena de frío.

Otro aspecto interesante es la distribución de los usos energéticos y las emisiones de gases de efecto invernadero de la cadena alimentaria entre, por un lado, el grupo de países de ingresos más altos, principalmente pertenecientes a la OCDE y que albergan al 17,7 % de la población mundial, y por otro lado, el grupo de países de ingresos más bajos, principalmente no pertenecientes a la OCDE (o No-OCDE) y que albergan al 82,3 % de la población restante.

En 2008 (año al que corresponden los datos del estudio), la energía mundial consumida en la cadena alimentaria se distribuía casi equitativamente entre estos dos grupos de países: 52,6 % para los de ingresos más altos y 47,4 % para los de ingresos más bajos. Esto hace que el consumo de energía per cápita del primer grupo sea 2,9 veces mayor que el del segundo grupo y, además, lo sea en todas las etapas de la cadena alimentaria.

Sorprendentemente, los países de ingresos más altos destinan una proporción más elevada de la energía final (el 36,9 %) a la cadena alimentaria que los países de ingresos más bajos (24,6 %). Hemos hablado de energía final y no de *renta* o *trabajo necesario*. Al mismo tiempo, también cabe señalar que los países de ingresos más altos destinan la proporción más elevada de energía al procesamiento y la distribución de los alimentos (48,1 %), mientras que los países de ingresos más bajos lo destinan a su preparación y cocción (43,4 %). En ambos grupos de países, los sectores primarios son los que requieren menos energía (23,5 % en los de ingresos altos y 18,6 % en los de ingresos bajos). En términos absolutos, los países ricos usaban (en 2008) unos 10.820 kWh por habitante y año en la agricultura, la ganadería, la pesca y la acuicultura, mientras que los países de ingresos más bajos destinaban unos 2.250 kWh/hab/año (casi cinco veces menos).

La cadena alimentaria genera el 22,0 % de los gases de efecto invernadero a escala global, lo cual corresponde a 1,42 toneladas de CO_{2eq} por habitante y año. Aquí también se notan las diferencias entre países ricos y países pobres, pero de forma menos divergente. La cadena alimentaria de los países ricos genera emisiones de 2,57 tCO_{2eq} por habitante y año, mientras que la de los países más pobres genera 1,15 tCO_{2eq} por habitante y año, de manera que la relación entre unos y otros es de 2,2.

La mayor parte de estos datos se resumen en los dos gráficos de la figura 5: el superior, sobre los consumos de energía, y el inferior, sobre las emisiones de gases de efecto invernadero, ambos con barras indicativas del conjunto del mundo, de los países de ingresos más altos y de los países de ingresos más bajos y distribuidos en los tres sectores indicados de la cadena alimentaria.

Comparación de los usos energéticos en el proveimiento alimentario de 2008.
Referencia: Mundo =100 (3.860 kWh/hab/año)

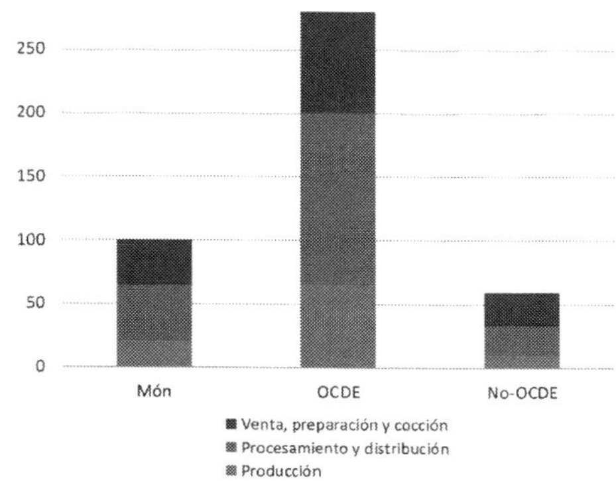

Comparación de las emisiones de GEI en el proveimiento alimentario de 2008.
Referencia: Mundo =100 (1,42 tCO2eq/hab/año)

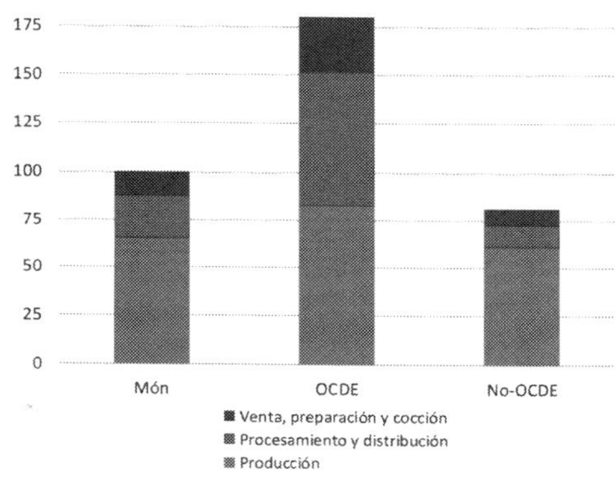

Figura 5. Energía y emisiones mundiales de la cadena alimentaria. Fuente: elaboración propia a partir del estudio de la FAO y los datos de la AIE.

Evitar las pérdidas y el desperdicio de alimentos

Otro aspecto relevante de la alimentación humana son las pérdidas y el desperdicio de alimentos a lo largo de toda la cadena de suministro alimentario, asociadas a las pérdidas de recursos y de energía para producirlos y procesarlos, y también con la emisión inútil de grandes cantidades de gases de efecto invernadero.

El informe de la FAO *Global Food Losses and Food Waste*, también de 2011, presenta una visión global sobre esta cuestión. Este estudio califica como pérdidas aquellas que se producen en las etapas de producción y procesamiento (más relacionadas con aspectos técnicos) y como desperdicios aquellos que se producen en la etapa de consumo final (más relacionados con los comportamientos humanos).

Las pérdidas se producen en todas las etapas del suministro alimentario. A escala mundial, corresponden a un tercio de los alimentos producidos para el consumo humano, que el estudio de la FAO evalúa en unos 1.300 millones de toneladas al año.

En todas las regiones del mundo, las pérdidas y el desperdicio de alimentos por persona son elevados y representan aproximadamente un tercio de los alimentos: en Europa y América del Norte se sitúan entre 280 y 300 kg por persona al año, mientras que en África subsahariana y Asia meridional se sitúan entre 120 y 170 kg por persona al año.

Es importante distinguir las pérdidas en las primeras etapas de la cadena alimentaria y en la etapa de consumo final. Las pérdidas en la producción y procesamiento comprenden entre 150 y 200 kg por persona al año, independientemente de si se trata de países ricos o pobres. En cambio, las diferencias son más pronunciadas en el desperdicio de alimentos por parte de los consumidores, que se sitúa entre 95 y 115 kg por persona al año en Europa y América del Norte y tan solo entre 6 y 11 kg por persona al año en África subsahariana y Asia meridional y sudoriental.

A medida que un alimento avanza en la cadena de suministro y se acerca al consumo final, el desperdicio se vuelve más significativo, ya que arrastra las pérdidas de recursos y energía invertidos en todas las etapas anteriores. En los países ricos, echar un filete directamente a la basura o permitir que los alimentos se deterioren en la nevera son las formas de desperdicio que consumen más energía y recursos. Por lo tanto, en los países ricos, es necesario orientar las mejoras hacia el cambio de comportamiento de los ciudadanos en el consumo final.

En cambio, en los países de bajos ingresos, las pérdidas de alimentos ocurren principalmente en las primeras etapas de la cadena alimentaria y muy poco en las etapas de consumo. Por lo tanto, es conveniente dirigir las mejoras hacia los productores y transformadores a través de la formación, las técnicas de cultivo, el transporte y el almacenamiento, así como mejorar las cadenas de frío y los procesamientos y empaquetados en general.

La reducción del desperdicio tiene un impacto positivo tanto en el ahorro de energía y recursos como en la seguridad alimentaria, especialmente en los países con ingresos más bajos. Una primera evaluación establece que, con las pérdidas y el desperdicio de alimentos, desechamos alrededor del 9 % de la energía mundial y generamos innecesariamente el 6,6 % de las emisiones de gases de efecto invernadero.

El transporte, cautivo del petróleo

La motorización del transporte es uno de los aspectos esenciales que ha configurado nuestra civilización actual y, a su vez, es una de las actividades más críticas a la hora de abordar la transición energética. Como veremos a lo largo de este apartado, el transporte motorizado ha ido volviéndose cada vez más dependiente de los carburantes derivados del petróleo, el recurso fósil más próximo a su agotamiento y hasta ahora sin alternativas equivalentes en el sistema de energías renovables.

El desarrollo del transporte masivo y barato ha permitido producir bienes y servicios a distancias cada vez más alejadas de los usuarios, lo que ha posibilitado la concentración de la población en grandes ciudades; también ha permitido la segmentación de los procesos productivos y su repartición en diferentes lugares y países, uno de los rasgos básicos de la globalización, y aún más, el transporte barato se ha convertido en la base del actual turismo de masas.

¿Cómo resolveremos todo esto?

Para intentar responder a esta pregunta, a continuación se analizan tres aspectos básicos relacionados con el transporte: su evolución histórica y, de forma especial, su paso hacia la motorización; la evolución reciente de la actividad del transporte y algunas de las tendencias que se apuntan para el transporte del mañana.

La motorización del transporte y el petróleo

Nuestros antecesores eran humanos nómadas que se desplazaban a pie para recolectar frutos o cazar animales. Con el advenimiento de la agricultura hace unos 10.000 años, se convirtieron en sedentarios, pero, al mismo tiempo, tuvieron que manipular y almacenar cantidades cada vez más importantes de cereales mediante sus propios medios o con animales domesticados.

Desde hace más de 6.000 años hay constancia de la existencia de barcos en ríos o lagos impulsados por pértigas, remos o velas; más tarde proliferaron los barcos que se movían cerca de las costas, y en épocas más recientes empezaron a navegar en alta mar. El barco es la forma de transporte más barata y que permite cargas más importantes.

Desde la antigüedad, el transporte por tierra lo llevaban a cabo los propios humanos o los animales de carga domesticados. La invención de la rueda, hace unos 5.500 años, representó un paso importante que requería vías aptas para carros; más adelante, los romanos fueron maestros en su construcción. El transporte por tierra siempre ha sido más difícil y menos eficiente que el transporte con embarcaciones.

La invención de la máquina de vapor por Watt en 1769 abrió el camino hacia la motorización del transporte tanto con los barcos de vapor como con el desarrollo del ferrocarril.

Después de varios antecedentes en la aplicación de la máquina de vapor a las embarcaciones, en 1807 Robert Fulton construyó el primer barco de vapor operativo con ruedas de paletas y estableció el primer servicio regular entre Nueva York y Albany en el río Hudson. En los años siguientes, los barcos de vapor se extendieron por América del Norte, Europa y las colonias respectivas en aguas poco profundas y tranquilas como ríos, lagos e islas costeras, y más tarde, en alta mar. Los barcos de vapor que cruzaban el Atlántico en plena época de emigración a América mantuvieron las velas hasta 1840, momento en que comenzaron a construirse los primeros barcos exclusivamente a vapor. La hélice, patentada por el checo Josef Ressel en 1827, no se generalizó hasta 1845. Como veremos más adelante, la motorización de los barcos pasó a depender del petróleo. En la actualidad, la flota mundial de embarcaciones está compuesta por aproximadamente 95.000 barcos comerciales, unos 4.000.000 de embarcaciones de pesca y unos 30.000.000 de embarcaciones de recreo, que atracan en unos 18.000 puertos comerciales y 7.000 puertos deportivos.

Los antecesores del ferrocarril fueron las vagonetas de las minas, que circulaban sobre rieles de madera y eran movidas a mano o mediante animales de tiro. Al intentar aplicar la pesada máquina de vapor, los rieles tuvieron que reforzarse, primero forrándolos con láminas metálicas, luego haciéndolos de hierro fundido y, a partir de la mitad del siglo XIX, fabricándolos de acero laminado. En 1814, Stephenson construyó la primera locomotora de vapor operativa, y la primera línea de servicio público de ferrocarril se estableció en 1830 entre Liverpool y Manchester; la primera línea de ferrocarril en la península ibérica, se inauguró en 1848 entre Barcelona y Mataró. A finales del siglo XIX comenzó la electrificación del ferrocarril, y en la primera mitad del siglo XX, en las líneas no electrificadas, las locomotoras de vapor fueron siendo reemplazadas por locomotoras diésel. El ferrocarril se ha extendido a unos 135 países con una extensión de 1.240.000 km de vías férreas (31 vueltas a la Tierra), cerca de un tercio de ellas electrificadas y un 2 % de alta velocidad. El ferrocarril ha tenido efectos fundamentales tanto en el transporte de pasajeros como en la reducción de los costos del transporte de mercancías.

Si bien la máquina de vapor se aplicó con éxito a los barcos y al ferrocarril, no ocurrió lo mismo con los vehículos de carretera. La solución llegó con la gasolina, obtenida por primera vez en 1857 mediante la destilación fraccionada del petróleo, y con el motor de explosión, inventado por Otto en 1867; el automóvil eléctrico tampoco progresó debido a la baja capacidad de las baterías de aquel momento. A finales del siglo XIX, varios fabricantes europeos y estadounidenses comenzaron a construir automóviles artesanales, pero su producción en masa no llegó hasta 1908, con la cadena de montaje y el Ford T, del cual se fabricaron 15 millones de unidades hasta 1927. En 1950, se habían fabricado alrededor de 95 millones de vehículos de motor en el mundo (incluyendo camiones y autobuses), el 80 % de ellos en los Estados Unidos de América. Sin embargo, sobre todo a partir de la Segunda Guerra Mundial, la fabricación de automóviles se convierte en la industria de referencia tanto en innovación como en volumen de producción: entre 1950 y 2020 se fabricaron alrededor de 3.200 millones de vehículos; siendo el parque actual de 1.450 millones de unidades, con un aumento de alrededor de 45 millones anuales. Este despliegue de vehículos ha venido acompañado de la construcción de inmensas redes de carreteras que suman 38.500.000 km (960 vueltas a la Tierra), de las cuales 440.000 km son autopistas (11 vueltas), con impactos muy importantes sobre el territorio y los paisajes.

A partir de la Segunda Guerra Mundial, junto con el enorme crecimiento del parque de vehículos terrestres, se desarrolló la aviación comercial como sistema dominante de transporte de pasajeros en desplazamientos a larga distancia, mientras que el grueso del transporte internacional de mercancías se ha consolidado con la navegación. Hacia los años sesenta, los aviones de gran tamaño dejaron de ser propulsados por motores de explosión y hélices para ser impulsados por turborreactores, mientras que los aviones medianos que vuelan a velocidades y alturas más reducidas pasaron a ser propulsados por turbohélices. A partir de los años noventa, la mayoría de los grandes aviones comerciales son propulsados por turboventiladores (o *turbofans*), cada vez más voluminosos pero también más económicos y silenciosos. En la actualidad, la flota mundial de aeronaves está compuesta por unos 26.000 aviones comerciales, alrededor de 38.000 helicópteros civiles y unas 420.000 avionetas, que operan en unos 13.000 aeropuertos comerciales y hasta unos 200.000 campos de aterrizaje de todo tipo.

Hemos dicho que el transporte se ha vuelto cautivo del petróleo, y así es. Hay una decisión histórica que marca este cambio: después de una experiencia exitosa con un barco de guerra, Winston Churchill, en aquel momento jefe del Almirantazgo del Reino Unido, decidió en 1911 motorizar la flota de la Royal Navy con motores diésel más rápidos que las máquinas de vapor, de mucha mayor autonomía y que, además, permitían el suministro de combustible en alta mar. Esta medida, además de marcar el inicio de la hegemonía del petróleo en el transporte, tuvo consecuencias geopolíticas importantes, ya que el Imperio Británico tuvo que abastecerse de este recurso energético, que no tenía en su territorio: es el impulso definitivo a la búsqueda de petróleo en el Golfo Pérsico y en las transformaciones en estos países.

Este cambio tiene una explicación en las altas densidades energéticas de los derivados de petróleo por unidad de masa (de 11 a 12 kWh/kg) y por unidad de volumen (de 9 a 10 kWh/litro), las más favorables entre los combustibles fósiles (y mejores que cualquier recurso renovable) para cargar en los vehículos. Además, los rendimientos de los motores de explosión (del 15 % al 45 % en los grandes motores marinos) duplican o más los bajos rendimientos de las máquinas de vapor (entre el 5 % y el 13 %).

La figura siguiente ilustra la fuerte interdependencia actual entre el transporte mundial y el petróleo. Desde el año 1990, la proporción de petróleo destinado a transporte (descontados los usos no energéticos, plásticos, lubricantes, etc.) se ha elevado del 60,4 % al 74,5 % en el año 2019. Sin embargo, la proporción del transporte alimentado por derivados del petróleo (gasolina, gasoil, queroseno y fueloil) ha disminuido ligeramente: desde el 92,1 % en 1990 hasta el 88,7 % en 2019.

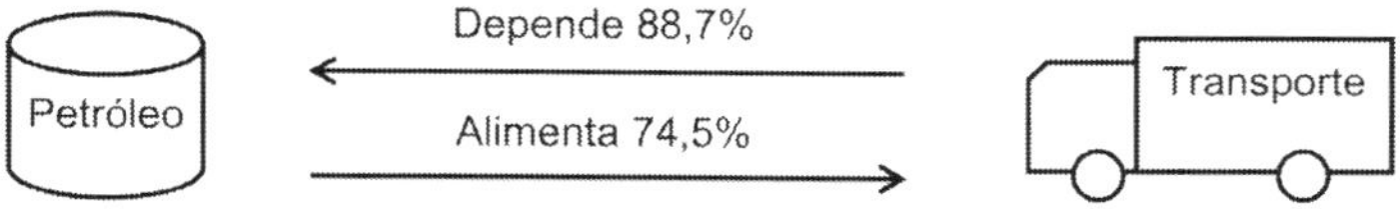

Figura 6. Interrelación entre el petróleo y el transporte. Fuente: elaboración propia a partir de los datos de la AIE.

La explicación de las variaciones de estos dos porcentajes puede ser la siguiente: el aumento (significativo) del porcentaje de petróleo que alimenta el transporte se explica por la escasez creciente de petróleo y su dedicación a este fin; en cambio, la ligera disminución de la dependencia del transporte del petróleo se explica por la búsqueda de alternativas: si se suman los biocarburantes (prácticamente inexistentes en 1990) a los derivados del petróleo, el porcentaje de dependencia del transporte en 2019 asciende al 92,0 %.

Crecimiento insostenible de la actividad de transporte

La actividad de transporte es compleja y requiere unos conceptos y una terminología adecuados. Un modo de transporte es la forma en la que los pasajeros y las mercancias son transportadas: modos viario, ferroviario, aéreo, fluvial o marítimo. Un medio de transporte, dentro de un modo, se refiere al sistema usado para desplazar a las personas o las mercancías; por ejemplo, dentro del modo de transporte viario hay peatones, ciclistas, automóviles, camiones y autobuses, o dentro del modo de transporte aéreo hay avionetas particulares, aviones de línea o helicópteros.

Se ha acordado medir la actividad del transporte de personas en pasajero x km (pkm) y la del transporte de mercancías en tonelada x km (tkm). Por ejemplo, la expresión "100 pkm" puede significar el transporte de 1 pasajero a 100 km, el transporte de 100 pasajeros a 1 km o cualquier otra combinación cuyo producto sea 100; lo mismo se aplica para los tkm de las mercancías. A escala mundial, suelen usarse múltiplos de estas unidades, como Gpkm y Gtkm, donde G (giga) significa mil millones (1.000.000.000).

La evaluación del transporte a escala mundial es difícil tanto por la diversidad de modos y medios, que a menudo contabilizan su actividad de manera diferente, como por las diferentes capacidades de los países para obtener los datos. Partiendo de las estadísticas de la OCDE y complementadas con otras fuentes, se ha podido confeccionar la tabla 9 para ilustrar la evolución del transporte entre los años 2000 y 2019.

	2000	%	2019	%	%Δ
Población (en Mhab, millones de habitantes)					
Mundo	6.115	100,0 %	7.675	100,0 %	25,5 %
Países OCDE	1.200	19,6 %	1.365	17,8 %	13,7 %
Países No-OCDE	4.915	80,4 %	6.310	82,2 %	28,4 %
Actividad del transporte de pasajeros (en Gpkm/año)					
Mundo	32.530	100,0 %	41.850	100,0 %	28,7 %
Países OCDE	14.010	43,1 %	15.880	37,9 %	13,3 %
Países No-OCDE	18.520	56,9 %	25.970	62,1 %	40,2 %
Carretera - privado	17.790	54,7 %	23.650	56,5 %	32,9 %
Carretera - bus	9.160	28,2 %	5.820	13,9 %	-36,5 %
Ferrocarril	2.100	6,5 %	5.260	12,6 %	150,5 %
Barco	100	0,3 %	120	0,3 %	20,0 %
Avión	3.380	10,4 %	7.000	16,7 %	107,1 %
Actividad del transporte de mercancías (en Gtkm/año)					
Mundo	67.700	100,0 %	145.810	100,0 %	115,4 %
Países OCDE	38.270	56,5 %	46.360	31,8 %	21,1 %
Países No-OCDE	29.430	43,5 %	99.450	68,2 %	237,9 %
Carretera - privado	7.930	11,7 %	26.820	18,4 %	238,2 %
Carretera - bus	6.470	9,6 %	10.850	7,4 %	67,7 %
Ferrocarril	49.290	72,8 %	103.310	70,9 %	109,6 %
Barco	140	0,2 %	330	0,2 %	135,7 %
Oleoducto/gasoducto	3.870	5,7 %	4.500	3,1 %	16,3 %

Tabla 9. Evolución del transporte mundial entre 2000 y 2019. Fuente: elaboración propia a partir de datos de la OCDE y otras fuentes dispersas.

Lo primero que se observa es que el transporte mundial crece más rápidamente que la población, especialmente el de mercancías, el cual más se duplica en este periodo.

La actividad de transporte motorizado de pasajeros se lleva a cabo fundamentalmente con medios privados por carretera (automóvil, motocicleta, 56,5 %), siendo los modos que más crecen el ferrocarril y el avión (más que duplican), y, en cambio, disminuye el transporte por carretera con autobús. De esta actividad, una cuarta parte es transporte urbano, que desplaza a muchos viajeros a distancias cortas. En término medio, el transporte motorizado de viajeros indica que, en término medio, cada habitante de la Tierra recorre 5.450 km anuales, cifra que en los países de la OCDE se eleva a 11.630 km/año (o 31,8 km/día).

Sin embargo, el transporte menos perceptible para el gran público y el que ha aumentado de forma más espectacular es el de mercancías. En tan solo las dos décadas que van de 2000 a 2019, la actividad del transporte de mercancías se ha multiplicado por 2,15 pasando de una actividad de 67.700 a 145.810 Gtkm/año. Esta última cifra significa que, por cada habitante de la Tierra, el sistema ha movido 52,1 tkm cada día. Es una barbaridad. Y en los países de la OCDE esta cifra se eleva a 93,1 tkm por habitante y día. La mayor parte del transporte de mercancías se realiza en barco (más del 70 %), seguido por el transporte por carretera y en ferrocarril. Aproximadamente un 30 % de la actividad mundial de transporte se destina a mover los propios combustibles fósiles.

Todavía cabe destacar el transporte con oleoductos y gasoductos, sin vehículos, que ha pasado de una actividad de unos 3.780 Gtkm a 4.500 Gtkm en este periodo y que en 2019 representa el 3,1 % del transporte mundial de mercancías. En el mundo hay unos 740.000 km de oleoductos (18,5 vueltas a la Tierra), un tercio de ellos en los Estados Unidos de América, seguidos por Rusia y China, y unos 2.820.000 km de gasoductos (unas 70 vueltas a la Tierra), dos tercios en los Estados Unidos de América, seguidos por Rusia.

Los consumos energéticos militares son opacos

Rastreando los datos de transporte, algunas veces me han aparecido referencias sobre material militar, como tanques, aviones o barcos, y me he preguntado dónde podrían estar reseñados sus gastos energéticos. Analizando las leyendas de los balances energéticos, constaté que la AIE asigna estos gastos al sector "no especificado". Pues bien, ni los Estados Unidos de América ni China ni Rusia consignan en este sector ningún consumo de derivados de petróleo, cuando la suma de los gastos militares de estos tres países es el 55 % de los gastos militares mundiales. Esto hace pensar que estos y otros países ocultan los consumos energéticos militares y que, por lo tanto, los balances de la AIE evalúan los consumos mundiales de energía a la baja, como mínimo en lo que respecta al petróleo y sus derivados.

El sitio web Globalfirepower reseña en el mundo el siguiente material militar: 3.250.000 vehículos blindados, 120.000 piezas de artillería, 95.000 tanques, 33.000 aviones militares (más que aviones comerciales), 18.000 helicópteros militares y unos 5.600 barcos militares.

La energía para obtener los materiales

Cuando pensamos en los usos energéticos que conllevan nuestras actividades, solemos pensar en los usos explícitos de la energía, aquellos que son directamente visibles y que pagamos como tales.

Por ejemplo: al considerar los gastos energéticos de nuestro automóvil, enseguida nos centramos en el consumo de combustible y en cuántos kilómetros podremos hacer con 1 litro de gasolina o de gasoil, pero solemos olvidar que no podríamos utilizar el automóvil si alguien no hubiera obtenido el acero, el aluminio, los plásticos y cauchos necesarios para fabricarlo, ni tampoco si alguien no hubiera obtenido el cemento, el acero, el asfalto y las gravas necesarias para construir las carreteras y otras infraestructuras (desmontes y contenciones, puentes, túneles) por donde circular; o no dispondríamos de un combustible capaz de hacer funcionar el motor si alguien no hubiera extraído del subsuelo el crudo y lo hubiera refinado y transportado hasta cerca de nosotros (la gasolinera), donde nuestro vehículo pueda proveerse.

Otro ejemplo: un móvil tiene un consumo energético bajo y se provee fácilmente de electricidad de la red con un simple cargador, pero a menudo olvidamos la energía necesaria para obtener los materiales de los que está formado (algunos de ellos escasos) y para fabricarlo (es un gasto energético mucho más elevado que la energía que usará el móvil durante toda su vida); o la energía para crear y mantener toda la red de repetidores y de ordenadores que nos permiten que el móvil pueda hacer su función.

Toda esta energía no explícita desde el punto de vista del usuario y que alguien ha tenido que utilizar previamente para que nosotros podamos disponer de los materiales, los aparatos o los servicios que hacen posible su uso, la llamamos "energía gris" —también "energía incorporada" o "contenido energético"; en inglés, *embodied energy*—, que en algunos casos (por ejemplo, en la electrónica) puede llegar a ser muy superior a la energía directa necesaria durante su uso.

Dentro del conjunto de la energía gris, es especialmente importante la energía necesaria para obtener los materiales de los que están formados los aparatos y las máquinas, es decir, la energía que se ha utilizado durante el proceso de transformación desde rocas de la corteza terrestre hasta láminas o barras de acero o aluminio, o a los sacos de cemento o a las piezas de cerámica, o para transformar el petróleo crudo de los yacimientos del subsuelo en granulado de materia plástica para conformar piezas.

Un primer ejemplo: la fabricación de un automóvil medio de motor térmico, desde los recursos naturales hasta el vehículo operativo, puede implicar un gasto energético de unos 25.000 kWh, de los cuales aproximadamente el 80 % (o sea, 20.000 kWh) corresponde a la obtención de los materiales en bruto. La conformación de estos materiales en piezas, el montaje del vehículo y todas las operaciones de verificación y puesta a punto requieren tan solo los 5.000 kWh restantes. Si durante su vida útil el vehículo recorre unos 200.000 km, el gasto energético en combustibles y mantenimiento es de unos 125.000 kWh. La energía gris para la fabricación del vehículo es, pues, un 16,7 % del gasto energético global.

Un segundo ejemplo: el balance energético de los edificios se asemeja al de los vehículos. El gasto energético global de un piso de vivienda social (unos 1.600 kWh/m^2) se sitúa entre 120.000 y 150.000 kWh; mediante las técnicas de construcción actuales, alrededor del 90 % de esta energía corresponde a la obtención de los materiales y el resto a la construcción propiamente dicha del edificio. En cuanto al uso, según el Instituto para la Diversificación y Ahorro de la Energía de España (IDAE), un piso en la zona mediterránea tiene un consumo energético promedio de unos 6.400 kWh por año (el 40 %, de electricidad); si la vida del edificio es de unos 50 años, la energía gris de la construcción del edificio es del orden del 30 % de los gastos totales durante toda su vida (construcción más consumos y mantenimiento).

Y un tercer ejemplo: los aparatos electrónicos, hoy en día en plena expansión, son el soporte de la informática, las telecomunicaciones, la automatización y la inteligencia artificial. A diferencia de los automóviles y los edificios, requieren más energía durante su fabricación que durante su uso. La fabricación de un ordenador portátil (*laptop*) consume unos 1.250 kWh, la mayor parte en la obtención de los materiales, mientras que el gasto de funcionamiento durante cuatro años de vida es de unos 720 kWh (12.000 horas a 60 Wh por hora). El principal gasto energético corresponde, pues, a la obtención de los materiales, muchos de ellos escasos. Con los teléfonos móviles, esta relación es aún más exagerada: la fabricación de un aparato moderno requiere unos 80 kWh de energía, mientras que durante cuatro años de su funcionamiento consume tan solo unos 20 kWh.

De los ejemplos anteriores se pueden extraer dos grandes conclusiones:

1. En la fabricación de productos, aparatos y máquinas, el principal gasto energético corresponde a los materiales, desde las materias primas (rocas, tierras, materias orgánicas) hasta la obtención de los materiales base (acero, cemento, granza de plástico, todos ellos aún no conformados).

2. La proporción del gasto energético entre la fabricación y el uso de los productos, aparatos y máquinas ha ido cambiando: desde ser más importante el gasto energético durante el uso en los vehículos y edificios hasta predominar el gasto energético durante la fabricación en los aparatos electrónicos.

Por ello, es conveniente conocer a escala planetaria aquellos materiales cuyos procesos de obtención actuales conllevan gastos más elevados de energía y generan emisiones más elevadas de gases de efecto invernadero. Estos aspectos se analizan en los apartados siguientes.

Energía e impactos en la obtención de materiales

En este apartado queremos proporcionar información básica sobre el costo energético y los impactos ambientales que conlleva la obtención de materiales hoy en día tan básicos como el acero, los plásticos o el aluminio, para la fabricación de aparatos y máquinas; o el cemento, los elementos cerámicos o el asfalto, para la construcción de edificios e infraestructuras; o también la de otros materiales no tan presentes pero fundamentales para el sostenimiento de la vida humana actual, como son los fertilizantes artificiales.

Materiales	Producción	Energía		Emisiones	
	10^6 toneladas	10^6 MWh	% Mundo	10^6 tCO_2	% Mundo
TOTAL	**39.521**	**47.110**	**31, 5%**	**11.470**	**33,0%**
Acero	1.853	12.070	8,1 %	3.150	9,1 %
Cemento	4.185	5.230	3,5 %	3.100	8,9 %
Materiales 1 al 2	6.038	**17.300**	11,6 %	**6.250**	18,0 %
Plásticos y elastómeros	448	10.970	7,3 %	1.180	3,4 %
Aluminio	101	4.240	2,8 %	900	2,6 %
Ladrillos y cerámica	3.301	2.750	1,8 %	790	2,3 %
Amoníaco (fertilizantes N)	163	2.660	1,8 %	570	1,6 %
Papel	420	2.890	1,9 %	540	1,6%
Madera	522	1.460	1,0 %	380	1,1 %
Materiales 3 al 8	4.955	**24.970**	16,7 %	**4.360**	12,6 %
Cromo	45	1.040	0,70 %	215	0,62 %
Arena y grava	26.500	600	0,40 %	135	0,39 %
Asfalto (betum y gravas)	1.600	1.500	1,00 %	115	0,33 %
Cobre	24,5	360	0,24 %	85	0,24 %
Manganeso	19,6	280	0,19 %	70	0,20 %
Fosfatos (fertilizantes P2O5)	52,1	250	0,17 %	60	0,17 %
Vidrio	52,0	210	0,14 %	45	0,13 %
Cinc	12,8	220	0,15 %	40	0,12 %
Potasas (fertilizantes K2O)	54,2	130	0,09 %	30	0,09 %
Níquel	2,6	90	0,06 %	25	0,07 %
Yeso	154,0	80	0,05 %	20	0,06 %
Plomo	11,6	80	0,05 %	20	0,06 %
Materiales sumideros de CO_2	28.384	**4.840**	3,2 %	**860**	2,5 %
Papel (nuevo, no reciclado)	190			–417	–1,20 %
Madera (nueva)	522			–1.149	–3,31 %

Tabla 10. 20 materiales: producciones anuales, energía y emisiones grises. Fuente: elaboración propia a partir de datos sobre producción de materiales de USGS y de valores convencionales de intensidades de energía y de intensidades de emisiones

La tabla 10 muestra los 20 primeros materiales clasificados según la energía gris (invertida en su proceso de obtención) y las emisiones grises de gases de efecto invernadero (emitidas durante su proceso de obtención) a escala mundial. Las cantidades producidas (incluyendo los materiales reciclados) se han obtenido a partir de los datos de la agencia estadounidense USGS (United States Geological Survey); el gasto energético se ha calculado multiplicando las cantidades producidas por valores convencionales de los factores de intensidad de energía, en kWh/kg de cada uno de ellos, y las emisiones de gases de efecto invernadero se han obtenido multiplicando las cantidades producidas por valores convencionales de los factores de emisiones, en kg-CO_{2eq}/kg.

La primera obtención de un metal a partir del mineral suele requerir mucha más energía y generar muchas más emisiones que la obtención del metal reciclado a partir de material de desecho. En los cálculos se ha tenido en cuenta la proporción habitual entre material de primera obtención y material reciclado.

Lo primero que se constata en la tabla 11 es la importancia de la fabricación de los materiales en el sistema técnico y económico actual. La obtención de estos primeros 20 materiales requiere el 31,5 % de la energía mundial y genera el 33 % de los gases de efecto invernadero (un poco menos si se tiene en cuenta que el papel y las maderas nuevas son un sumidero de CO_2). Destacamos que esta energía y estas emisiones son necesarias para obtener los materiales base (chapas y perfiles de metal, sacos de cemento, elementos de cerámica), sin conformar piezas ni componentes ni montar conjuntos ni construir edificios.

El acero y el cemento

Quisiera llamar la atención, especialmente, sobre el primer grupo de materiales: el acero y el cemento. Entre los dos consumen el 11,5 % de la energía y generan casi el 18 % de las emisiones mundiales.

El acero es un metal abundante, básico tanto en la fabricación de productos como en la construcción. Los edificios y las infraestructuras utilizan el 51 % del acero; la automoción y los vehículos, el 17 %; la maquinaria, el 15 %, y el resto se reparte entre productos metálicos, aparatos domésticos y equipamiento eléctrico.

En 2020 se fabricaron 1.852 millones de toneladas de acero, de ellas el 35 % de material reciclado, cantidad que es de 6 a 8 veces la suma de la de todos los demás metales juntos. Más de la mitad del acero se produce en China (57 %) y en cantidades muy menores en Europa (7,7 %), India (5,4 %), Japón (4,5 %), Estados Unidos (3,9 %), Rusia (3,9 %) y Corea del Sur (3,6 %). La fabricación de acero consume el 8,1 % de la energía mundial y genera el 9,1 % de las emisiones.

En la obtención del hierro en los altos hornos a partir de mineral (óxidos de hierro), el carbón cumple dos funciones básicas: se combina con el oxígeno del mineral para liberar el metal y produce calor para fundir el metal; este proceso emite inevitablemente CO_2 que causa efecto invernadero. En la fabricación de acero a partir de material reciclado, el proceso habitual se lleva a cabo en un horno eléctrico, y entonces el impacto ambiental depende únicamente del origen de la electricidad, ya sea generada con combustibles fósiles o renovable y limpia.

El cemento es el material básico en la construcción de edificios e infraestructuras. Consiste en un aglomerante inorgánico en polvo fabricado a partir de roca caliza y arcilla a altas temperaturas, con la adición de yeso para retardar su endurecimiento. Cuando se mezcla con agua, se produce un proceso de hidratación y, después de algunas horas, adquiere una gran dureza, resistencia y estabilidad, cualidades que conserva tanto expuesto al aire como sumergido en el agua.

Es un material que raramente se usa solo. Combinado con arena, se convierte en mortero, que se utiliza para hacer paredes y revestimientos, y combinado con arena y áridos constituye el hormigón. Cuando las estructuras de hormigón deben soportar esfuerzos complejos, especialmente de tracción, se refuerza con armaduras de acero y da lugar al hormigón armado.

Hoy en día, se fabrican 4.200 millones de toneladas de cemento (más del doble que de acero) que consumen el 3,5 % de la energía y generan el 8,9 % de las emisiones de efecto invernadero a nivel mundial. La desproporción de las emisiones respecto a la energía se debe a que la calcinación de la roca caliza genera CO_2, independientemente de la energía utilizada (son las llamadas *emisiones de proceso*).

Como se verá más adelante, tanto la descarbonización del acero como la del cemento son algunos de los mayores retos de la transición energética. En cualquier caso, es necesario tomar conciencia de los impactos energéticos y ambientales de estos dos materiales.

Los otros materiales de la lista

La masa del conjunto de materiales basados en polímeros (plásticos y elastómeros) es mucho menor que la del acero y el cemento, alrededor de 450 millones de toneladas, cantidad que se ha duplicado desde el año 2000. La energía involucrada es la segunda más alta después del acero, 10.970 millones de MWh (7,34 % mundial), pero las emisiones son mucho más bajas (3,39 % mundial).

Esta diferencia entre energía y emisiones responde al hecho de que, además de la energía del proceso, se incluye la energía que los hidrocarburos tendrían como combustible, lo que muestra hasta qué punto estamos inmersos mentalmente en el paradigma fósil. La intensidad energética de los plásticos y de los elastómeros se sitúa entre 20 y 36 kWh/kg, de los cuales casi la mitad corresponde a la energía no utilizada como combustible.

La mayor parte de los polímeros son termoplásticos y, teóricamente, se pueden reciclar. Sin embargo, según la OCDE, a escala mundial tan solo se recicla el 9 %, el 19 % se incinera, el 50 % va a vertederos controlados y el 22 % se vierte o se quema de forma incontrolada o va a parar al mar. Debido a la dificultad de separación y al propio proceso de reciclaje, la mayor parte de los plásticos reciclados están mezclados y, por lo tanto, son de menor calidad que el original.

El aluminio es el segundo metal más utilizado, alrededor de 100 millones de toneladas por año. Dada su baja densidad, da como resultado un volumen 3 veces superior al equivalente de acero. Su obtención a partir de la electrólisis de la alúmina (óxido de aluminio) es muy costosa energéticamente, alrededor de 4.240 millones de MWh (2,84 % de la energía mundial), y sus emisiones también son significativas (2,59 % mundial).

Hoy en día se recicla el 35 % del aluminio, el cual requiere poco más del 10 % de la energía de la primera obtención. Las aplicaciones del aluminio son muy variadas, y en muchos casos se aprovechan propiedades como la ligereza, la resistencia a la corrosión, la conductividad eléctrica o térmica. Sin embargo, en otros casos se abusa de él, como en los marcos de puertas y ventanas, donde el uso de otros materiales como la madera es mucho más favorable desde el punto de vista ambiental.

El resto de los materiales metálicos se producen en cantidades mucho menores, y sus repercusiones en energía y emisiones también son bastante más reducidas.

Entre los materiales de construcción, después del cemento, la fabricación de ladrillos (3.300 millones de toneladas anuales) tiene una incidencia sensible en energía (1,84 % mundial) y emisiones (2,28 % mundial). Las arenas y gravas, así como el asfalto, se utilizan en grandes cantidades (26.500 y 1.600 millones de toneladas), pero sus impactos en energía y emisiones son menores. El yeso y el vidrio, producidos en cantidades más moderadas (154 y 52 millones de toneladas), tienen costos energéticos y ambientales mucho más pequeños.

Es necesario señalar también la incidencia de los fertilizantes químicos. Los de mayor impacto son los nitrogenados derivados del amoníaco, que hoy en día se fabrica a partir del hidrógeno obtenido por el proceso de reformado del gas natural con costos elevados de energía (1,78 % mundial) y emisiones considerables (1,64 % mundial). Los fertilizantes fosfatados y potásicos, aunque se encuentren entre estos primeros 20 materiales, tienen impactos en energía y emisiones muy inferiores, aunque provienen de minerales escasos.

Finalmente, es necesario destacar dos materiales que no se obtienen de la minería, sino de la biomasa: el papel y la madera, de los que se producen alrededor de 420 y 520 millones de toneladas, respectivamente. La fabricación del papel tiene un proceso más consumidor de energía y generador de emisiones que la madera. En cualquier caso, el papel no reciclado y la madera provienen de árboles nuevos que han captado CO_2; aplicando los valores usuales, estas producciones pueden considerarse sumideros de 417 y 1.149 millones de toneladas de CO_2 (últimas filas de la tabla 11). Sin embargo, representan solo una pequeña compensación a las enormes emisiones de la quema de los fósiles.

Capítulo 4

La ineludible transición energética

Este cuarto capítulo analiza la situación y las alternativas con las que nos encontramos los humanos ante la crisis energética y climática actual. Las reservas de fósiles han permitido el extraordinario desarrollo de los últimos dos siglos, pero también han configurado una civilización que, ahora, se ha convertido en un problema. Continuar sin hacer nada conduce al colapso, ya sea por el agotamiento de los recursos fósiles, por el cambio climático causado por los gases resultantes de su combustión o por ambos efectos combinados.

Hasta ahora, las civilizaciones habían evolucionado hacia recursos energéticos más intensos, que permitían mayores potencias; por primera vez, la transición energética actual nos dirige hacia recursos menos intensos. El primer punto trata, pues, de la difícil toma de conciencia sobre estos nuevos límites. A menudo desenfocamos el problema al intentar limitarlo a la crisis climática y perdemos de vista que su causa principal es el sistema energético fósil.

Las características de las nuevas fuentes energéticas renovables son muy diferentes a las de los fósiles. Por lo tanto, la simple emulación con las nuevas energías renovables de las soluciones que se han logrado con los fósiles en muchos casos conduce al fracaso. Las energías renovables presentan algunos inconvenientes respecto a los fósiles, pero también nuevas oportunidades que debemos aprovechar.

Los últimos puntos del capítulo destacan un aspecto clave de las nuevas energías renovables que el sistema fósil había obviado, y es la necesidad de grandes extensiones de territorio para su captación. El último punto es el análisis de las diferentes tecnologías desde el punto de vista de la densidad de potencia y su posible contribución en el nuevo sistema energético renovable.

La difícil toma de conciencia de los límites

El crecimiento económico, tal como lo entendemos hoy en día en las economías contemporáneas, no ha sido una realidad hasta hace relativamente poco.

Durante la mayor parte de nuestra historia, la producción económica simplemente ha seguido las fluctuaciones demográficas en una evolución casi estacionaria de la riqueza en relación con la población. La Revolución Industrial, que comienza a finales del siglo XVIII en Inglaterra, marca un verdadero punto de discontinuidad: a partir de ese momento, los países pioneros de la Revolución Industrial inician un crecimiento simultáneo de la población y de la renta per cápita.

El crecimiento económico se ha convertido, pues, en un tema central del desarrollo de las sociedades y de los países de hoy en día. Se define como el incremento en la producción de bienes y servicios de la economía de un país o un territorio a lo largo del tiempo. El indicador más utilizado es el producto interior bruto (PIB) corregido por la inflación, y el PIB per cápita se utiliza a menudo como medida del nivel de vida.

Las causas del crecimiento económico que se esgrimen más a menudo en el origen de la Revolución Industrial son una agricultura excedentaria, la invención de la máquina de vapor, el desarrollo de maquinaria y de sistemas de transporte motorizado, la innovación y la mejora de la rentabilidad de los procesos, los avances en la salud pública, así como la formación de nuevos mercados de consumidores. Menos a menudo se pone énfasis en el enorme salto cuantitativo en energía que representa la explotación generalizada del carbón mineral y, más tarde, de otros recursos fósiles. El gran salto en aportaciones de energía que representa el uso de los combustibles fósiles ha sido una condición necesaria (aunque ciertamente no suficiente) de la Revolución Industrial: sin ellos no habría habido ni crecimiento económico ni aumento de la población.

Si bien el crecimiento económico ha generado un aumento global del nivel de vida de las poblaciones en los países que se han industrializado, ha sido un proceso no lineal y no exento de graves conflictos y desajustes. La concepción neoliberal imperante en las últimas décadas ha impuesto un crecimiento económico a cualquier precio que tiene dos consecuencias graves. Por un lado, la desigualdad: el simple crecimiento económico no se acompaña de un reparto equilibrado de la riqueza y genera grandes desigualdades entre países y también en el seno de las sociedades, al tiempo que no es capaz de erradicar el hambre en un mundo con excedentes de alimentos. Por otro lado, el deterioro del planeta: el crecimiento se está produciendo a costa del agotamiento de los recursos, la destrucción de los ecosistemas y la generación de impactos ambientales severos, el más grave de los cuales es el cambio climático causado por las emisiones de CO_2 procedentes de la quema de los combustibles fósiles y de una deriva hacia prácticas agrícolas y ganaderas insostenibles.

¿Es posible un crecimiento continuo en un mundo finito?

Cualquier reflexión sensata lleva a afirmar que no. El primer toque de atención sobre la capacidad del planeta con relación a las actividades humanas lo dio el informe titulado *Los límites del crecimiento* elaborado por el Club de Roma, encabezado por Donella Meadows, presentado en 1972 y publicado por el Massachusetts Institute of Technology. Es la primera vez en la historia que se destaca la grave crisis ecológica, que, por causas antropogénicas, pone en riesgo la supervivencia del mismo ser humano sobre la Tierra. Este informe tuvo una gran repercusión y fue tachado de alarmista, aunque cuatro décadas después sus principales conclusiones se han ido confirmando.

Más adelante, en 1987, las Naciones Unidas publicaron el informe *Nuestro futuro común* (conocido también como Informe Brundtland en reconocimiento de la presidenta de la Comisión que lo dirigió, entonces primera ministra noruega). Este informe considera de forma conjunta las cuestiones económica, social y medioambiental, e incorpora el concepto de desarrollo sostenible que había sido definido por el economista E. Schumacher: aquel desarrollo que satisface las necesidades del presente sin comprometer la capacidad de satisfacer las necesidades de las generaciones futuras.

Aunque el Informe Brundtland recibió diversas críticas (desde sensibilidades del tercer mundo, que veían en él un colonialismo verde, hasta aquellos que consideran que el concepto de desarrollo sostenible es una contradicción, un oxímoron), su publicación hizo que la ONU y los países que pertenecen a ella incorporaran el concepto de desarrollo sostenible en el conjunto de sus políticas, al tiempo que contribuyó a despertar la conciencia social.

Entre las numerosas aportaciones al debate sobre la sostenibilidad queremos destacar el trabajo de Tim Jackson titulado *Prosperidad sin crecimiento*, publicado en 2009. Partiendo de la redefinición del concepto de prosperidad, que, más allá del sostenimiento material, resalta las dimensiones vitales de tipo social y psicológico, este autor pone de manifiesto que, a partir de un cierto umbral de riqueza que cubra las necesidades básicas (alrededor de 10.000 US$ por habitante y año), el nivel de satisfacción de los habitantes de los países progresa muy lentamente con el aumento del valor promedio de la renta per cápita. Ante los límites del planeta, esto lleva al autor a recomendar el crecimiento de la renta per cápita en los países y sectores sociales más pobres, pero también a plantear el decrecimiento en los países y sectores sociales más ricos.

Respecto a los Objetivos de Desarrollo Sostenible (ODS) aprobados por la ONU en 2015, se han manifestado críticas en relación al octavo ODS, que establece lo siguiente: "Promover el crecimiento económico sostenido, inclusivo y sostenible, el empleo pleno y productivo y el trabajo decente para todos". Aunque en su meta 1 aboga por un "crecimiento del producto interior bruto de al menos un 7 % anual en los países menos avanzados", implícitamente también parece aceptar el crecimiento en los países más ricos.

En cualquier caso, más allá de los acuerdos e informes, ¿cómo han evolucionado los consumos de la humanidad? La tabla 11 muestra, en varias fechas (relacionadas con los acuerdos e informes citados) y para 2019 (año previo a la COVID-19), la evolución de la población mundial, de la renta mundial (en dólares constantes de los Estados Unidos referidos a 2015, es decir, ajustados por la inflación) y de tres consumos que consideramos referenciales: los combustibles fósiles, el acero y el cemento. La tabla también muestra el índice de evolución de la población sobre la base de 1972=100, así como los valores de los ingresos per cápita y de los consumos per cápita.

		1972	1987	2000	2010	2015	2019
blación	10^6 habitantes	3.837	5.013	6.114	6.922	7.339	7.673
	1972=100	100,0	130,6	159,4	180,4	191,3	200,0
nta	10^9 US$(2015)	19.879	32.089	48.140	64.694	75.101	84.594
	US$(2015)/hab	5.181	6.402	7.873	9.346	10.233	11.024
siles	10^9 kWh	61.430	81.736	93.649	122.333	129.121	136.239
	kWh/hab	16.010	16.306	15.316	17.673	17.594	17.755
ero	10^9 toneladas	630	720	850	1.430	1.615	1.875
	kg/hab	164	144	139	206	220	245
mento	10^9 toneladas	680	1.190	1.650	3.280	4.070	4.190
	kg/hab	177	237	270	474	555	546

Tabla 11. Evolución de varios parámetros relacionados con el crecimiento económico. Fuente: elaboración propia a partir de los datos de población y PIB del Banco Mundial (WB), los consumos de energía de la AIE y las producciones de acero y cemento del USGS.

En los últimos 47 años (desde el informe del Club de Roma), la población mundial se ha duplicado. El crecimiento anual de la población ha oscilado entre un mínimo de 72 millones en 1977 y un máximo de 90 millones en 1990, situándose alrededor de los 81 millones en 2019. Es como agregar al mundo la población de Alemania cada año o aumentar la población del planeta en aproximadamente 1.000 millones de habitantes cada 12 años.

La renta mundial (en valores constantes) se ha multiplicado por 4,2 veces y, por lo tanto, la renta per cápita se ha más que duplicado en este período. Con fluctuaciones, el incremento promedio ha sido de alrededor de 125 US$ por año, con tendencia a aumentos más elevados a partir del año 2000.

En cuanto al consumo de fósiles, no se ha distanciado mucho de la evolución de la población: comienza con 16.010 kWh/hab en 1972 y termina con 17.755 kWh/hab en 2019, prácticamente sin variación desde 2010. El consumo de acero per cápita disminuye hasta el año 2000, pero con el desarrollo de China se triplica al final del período. Finalmente, el consumo de cemento se multiplica por más de 6 y el consumo per cápita por más de 3, aunque en los últimos años parece estancarse.

En los últimos años, de 2020 a 2023, y aún sin disponer de datos agregados, parece que se inicia una cierta tendencia a frenar el crecimiento. Algunas de las causas son: en 2020, la crisis de la COVID-2019, con la paralización de muchas actividades, la caída de la aviación comercial y la generalización del teletrabajo y de las reuniones virtuales; en 2021, la crisis de los chips, por la falta de suministro de estos componentes, que ha afectado a numerosas industrias, especialmente la automotriz; en 2022, la guerra de Ucrania, que está llevando a la sustitución en Europa del gas natural procedente de Rusia por gas natural licuado de los Estados Unidos, más costoso; o, en estos últimos años, la necesidad creciente en la economía china de importar carbón de Australia.

Se han abierto expectativas de evolucionar hacia la desmaterialización de la economía (menos energía, menos materiales), ya sea a partir de la eficiencia, la digitalización o la economía circular. Sin embargo, es necesario distinguir entre la desmaterialización relativa (obtener más renta por unidad de energía o de material utilizado) y la desmaterialización absoluta (disminuir las cantidades totales de energía y materiales utilizados). Hasta ahora, la energía y los materiales han crecido con la economía. Y, en cualquier caso, la disminución de la energía o el uso de materiales se percibe como una crisis económica.

En definitiva, la economía mundial no va en el camino de la desmaterialización, sino todo lo contrario. Se ve difícil conciliar el desarrollo humano con los límites de la Tierra si, por un lado, no se limita el crecimiento económico de los países y sectores sociales más ricos basado en la depredación de recursos naturales y, por otro lado, no se detiene el crecimiento de la población, que en su mayor parte tiene lugar en los países más pobres de África subsahariana y del sudeste asiático.

¿Agotamiento de los recursos o crisis climática?

¿Por dónde vendrá la crisis? ¿A causa de una falta de recursos energéticos por el agotamiento de los combustibles fósiles o a causa de un problema de eliminación de los residuos de su combustión, es decir, el problema de las emisiones de CO_2 a la atmósfera? Sea una cosa o la otra, lo que se necesita es un cambio de civilización en el que el elemento central sea la transición energética hacia fuentes renovables.

Si bien en la segunda mitad del siglo XX surgieron las primeras preocupaciones sobre el agotamiento de los recursos fósiles, en los últimos años ha cobrado más relevancia la preocupación por el cambio climático relacionado con las emisiones de CO_2. Sin embargo, son dos problemas íntimamente interrelacionados. Al ritmo de consumo actual, las reservas de combustibles fósiles del subsuelo solo pueden cubrir las necesidades energéticas de unas pocas décadas, pero muy probablemente antes, las emisiones que resultan de su uso generarán un cambio climático severo con consecuencias enormes para la existencia humana.

Agotamiento de los recursos fósiles

En 1956, el geofísico estadounidense M. K. Hubbert, que había trabajado en la compañía Shell, predijo que la producción de petróleo en los Estados Unidos alcanzaría su máximo alrededor de 1970, como así fue, con aproximadamente 10 millones de barriles al día. Partiendo de la hipótesis de que el ritmo de obtención del petróleo depende de los rendimientos decrecientes de las sucesivas extracciones, Hubbert estableció una ley en forma de campana de Gauss (o *curva de Hubbert*) donde el ritmo de extracción crece hasta alcanzar un valor máximo (*pico de Hubbert* o *peak oil*) y luego decrece de manera simétrica a cómo ha crecido. En este modelo, el pico de producción coincide con el momento en que se han extraído la mitad de las reservas del yacimiento.

Después de 1970, Estados Unidos detuvo el declive durante unos años gracias a los yacimientos descubiertos en Alaska en 1968, que comenzaron su producción en 1977, pero a partir de mediados de la década de 1980, la producción comienza un nuevo declive hasta llegar a 4 millones de barriles diarios en 2010. A partir de entonces, y gracias al *fracking*, Estados Unidos recupera la producción y en 2022 se convierte en el primer productor mundial, con 12,5 millones de barriles al día; sin embargo, la extracción mediante el *fracking* es un ciclo de corta duración y con grandes impactos ambientales. En 2022, Estados Unidos seguía consumiendo alrededor de 20 millones de barriles de petróleo al día.

A pesar de la dificultad de determinar en la práctica la cantidad de reservas de cada uno de los países y, por lo tanto, su pico del petróleo, hay consenso en que muchos de ellos ya lo han superado: Venezuela, en 1970; Libia, en 1970; Irán, en 1974; Egipto, en 1987; Indonesia, en 1991; el Reino Unido, en 1999; Australia, en 2000; Noruega, en 2000; Argentina, en 2001; México, en 2003; Malasia, en 2004; Argelia, en 2006; Qatar, en 2007; Angola, en 2008; India, en 2011; China, en 2015, y Kazajistán, en 2020. Se estima que otros países productores llegarán a este pico más adelante: Arabia Saudita, en 2027; Kuwait, en 2033, e Irak, en 2036. Todo hace pensar que, a escala planetaria, el pico de producción del petróleo convencional tuvo lugar hacia el 2006.

Durante un tiempo se ha señalado el pico del petróleo (o *peak oil*) como el punto de inflexión de la crisis energética. En todo caso, considerar como reservas los petróleos no convencionales (extrapesados, arenas bituminosas, hidrocarburos de *fracking*), de más difícil producción y tratamiento posterior que los convencionales, distorsiona el modelo de Hubbert.

Más recientemente (a partir de 2011), el físico y químico italiano Ugo Bardi ha propuesto un modelo alternativo al de Hubbert que *denomina precipicio de Séneca* (*Seneca Cliff*, en inglés). Séneca había dicho: "Los crecimientos son lentos, pero el camino hacia la ruina es rápido". Con la introducción del concepto de polución (aquello indeseado que genera un recurso o un capital y que drena el mismo recurso o capital, como los gases de efecto invernadero, un accidente nuclear o una guerra), llega a una ley para las extracciones de petróleo de subida suave y de descenso rápido. Si se cumple esta evolución, se producirá un colapso para el cual no estamos preparados.

Limitar las emisiones de gases de efecto invernadero

Los países y las sociedades han sido cada vez más conscientes de la necesidad de limitar las emisiones de los gases de efecto invernadero a escala mundial para prevenir los peores efectos del cambio climático.

Después de veinte reuniones de la Conferencia de las Partes (COP) celebradas anualmente desde 1995, acogidas por la Convención Marco de las Naciones Unidas sobre el Cambio Climático (CMNUCC), entre ellas la COP3, que adoptó el Protocolo de Kioto, y después de cinco Informes de Evaluación (AR, *Assessment Report*) del Grupo Intergubernamental sobre el Cambio Climático (GICC, o *Intergovernmental Panel on Climate Change*, IPCC), AR1 en 1990, AR2 en 1995, AR3 en 2001, AR4 en 2007 y AR5 en 2014 (el 2023 se ha publicado el AR6), y después de muchas decepciones, finalmente en 2015 se firmaron los Acuerdos de París.

En efecto, en la XXI Conferencia de las Partes (COP21) de la CMNUCC celebrada en París en 2015, 196 países de las Naciones Unidas llegaron a un acuerdo histórico el 12 de diciembre para combatir el cambio climático. El acuerdo tenía como objetivo limitar el calentamiento mundial por debajo de 2 °C, preferiblemente 1,5 °C, con respecto a los niveles preindustriales, y con esa finalidad establecía acciones e inversiones (en su mayoría, voluntarias) para asegurar un futuro sostenible con bajas emisiones de carbono.

¿Qué implican los Acuerdos de París de 2015?

En primer lugar, los Acuerdos de París de 2015 representan un hito histórico en el camino para limitar las emisiones futuras de gases de efecto invernadero, tanto por el grado de unanimidad alcanzado como por la inclusión de compromisos para los países ricos y para los países pobres. Sin embargo, los acuerdos son voluntarios y no vinculantes, al igual que los mecanismos de revisión y control establecidos cada cinco años. También se acuerdan las fórmulas de cálculo de las emisiones antropogénicas, se reconocen dos velocidades para los países ricos y los países más pobres, que necesitan más tiempo, y se establece un Fondo Verde de ayudas económicas de los países ricos a los países pobres. No hay acuerdo, sin embargo, para reducir las emisiones de la navegación y la aviación internacionales.

Desde su aprobación, el cumplimiento de los Acuerdos de París por parte de los países ha sido escaso y las emisiones globales de efecto invernadero han continuado aumentando. La crisis de la COVID-19 durante el año 2020 representó una cierta disminución global de los consumos y las emisiones, pero todo parece indicar que en los años posteriores se ha roto esa tendencia a la baja. Además, la invasión y la guerra de Ucrania en 2022 han llevado a una dinámica de destrucción y aumento del gasto militar que es diametralmente opuesta al espíritu de los Acuerdos de París.

En el momento de la aprobación de los Acuerdos de París, se era consciente de que su cumplimiento conllevaba limitaciones en el consumo futuro de combustibles fósiles. Entre los estudios elaborados, los resultados publicados por C. McGlade y P. Ekins en la revista Nature en 2015, con el título T*he Geographical Distribution of Fossil Fuels Unused when Limiting Global Warming to 2 ºC*, indican que, para lograr estos objetivos, es necesario que entre 2010 y 2050 permanezcan bajo tierra, sin usar:

- Cuatro quintas partes de las reservas actuales de carbón;
- Un tercio de las reservas actuales de petróleo, y
- La mitad de las reservas actuales de gas fósil.

Y añaden que el desarrollo de los recursos de hidrocarburos en el Ártico y el aumento de la producción de petróleo no convencional (petróleos extrapesados en la faja del Orinoco en Venezuela, arenas bituminosas de Athabasca en Canadá, hidrocarburos obtenidos mediante fracking en los Estados Unidos o yacimientos en aguas profundas como el de Tupí en el Océano Atlántico frente a Brasil) son incongruentes con los esfuerzos para limitar el aumento de la temperatura a 2 °C.

Características de las nuevas fuentes renovables

La transición energética del sistema no renovable actual, basado en combustibles fósiles y uranio, a un sistema energético basado en fuentes renovables no consiste solo en la simple sustitución de unas fuentes energéticas por otras, sino que su diferente naturaleza incide, además de en las tecnologías, en todos los comportamientos sociales y en todas las formas de organización social y política. A continuación se explican las principales diferencias.

De calor a electricidad. Las principales fuentes de un sistema energético y del otro son de naturaleza distinta. En el sistema energético actual, más del 94% de la energía primaria (fósiles, nuclear, biomasa) proporciona calor, del cual el 35% se destina a usos térmicos, el 26% se transforma en movilidad y el 39% en electricidad. En cambio, las principales fuentes del futuro sistema renovable (fotovoltaica, eólica, hidroeléctrica) proporcionan electricidad que, además de cubrir los usos eléctricos, deberemos transformar en, por un lado, calor (bomba de calor, hidrógeno para combustión) y, por otro lado, en movilidad (motores eléctricos alimentados por baterías, hidrógeno y pila de combustible, o catenaria y trole).

De energías muy intensivas a energías poco intensivas. Las fuentes energéticas no renovables (combustibles fósiles y uranio) son muy intensivas en energía, de manera que con poca materia (masa y volumen) pueden proporcionar mucha energía y en poco tiempo; por lo que permiten potencias elevadas. En cambio, las energías renovables son poco intensivas, requieren extensas instalaciones de captación y demandan una gestión más cuidadosa y pausada; son, por lo tanto, menos aptas para potencias elevadas.

De energías de stock a energías de flujo. Los fósiles y el uranio son fuentes energéticas de stock: son directamente almacenables y se pueden usar a voluntad en el tiempo y en la cantidad que se desee, pero son recursos finitos y, por tanto, tienen un final ya cercano. En cambio, las fuentes renovables (radiación solar, corrientes y saltos de agua, vientos) son energías de flujo de carácter intermitente y aleatorio que generan electricidad difícilmente almacenable, pero que permanecerán en el tiempo mientras el Sol irradie.

De gestión de la oferta a gestión de la demanda. Transitar de unas energías de stock (los combustibles fósiles) a unas energías de flujo (las principales fuentes renovables) combinado con el hecho de que estas últimas generan electricidad, hace aconsejable cambiar la estrategia de gestión del sistema eléctrico: debemos que pasar de gestionar la oferta (conciliar en cada instante la generación eléctrica a la demanda de los usuarios) a priorizar la gestión de la demanda (conciliar en lo posible los usos a los momentos en que hace sol y/o hay viento). Complementariamente, habrá que desplegar sistemas de almacenamiento de electricidad a gran escala, aún hoy por desarrollar, para cubrir eventualidades.

De recursos foráneos a recursos disponibles en el territorio. Los fósiles y el uranio son recursos no presentes en el subsuelo español (y muy poco en el europeo), y su obtención requiere equipos e inversiones enormes para extraerlos, transformarlos, transportarlos y distribuirlos, los cuales solo están al alcance de las grandes empresas multinacionales. En cambio, las energías renovables pueden captarse en cualquier lugar y son ampliamente escalables, de modo que su obtención está directamente al alcance de las familias, las empresas, las administraciones y las comunidades locales.

De rendimientos bajos a rendimientos altos. Como se ha visto en el capítulo 1, las formas más ordenadas de energía, como la mecánica o la eléctrica, se convierten en otras formas de energía con pérdidas muy pequeñas. En cambio, la energía térmica, fruto de la agitación desordenada de las partículas subatómicas, solo se puede transformar en parte en energía mecánica o eléctrica, según la segunda ley de la termodinámica. Para obtener una misma energía útil, el sistema fósil y nuclear debe partir de una energía primaria unas 2,5 veces superior, mientras que el sistema renovable (incluido el almacenamiento) solo debe captar una energía del orden de 1,8 veces superior a la energía útil, cifra que dependerá en gran medida de los ahorros energéticos, los buenos usos y la gestión de la demanda.

La tabla 12 resume las diferencias de naturaleza entre las principales fuentes energéticas no renovables y renovables.

	Fuentes no renovables	Fuentes renovables
1. Naturaleza	Las fuentes principales proporcionan combustibles que generan calor	Las fuentes principales proporcionan electricidad
2. Intensidad	Fuentes muy intensivas en energía. Es hallan en el subsuelo	Fuentes poco intensivas en energía. S requieren grandes superficies para su captación
3. Stock y flujo	Recursos energéticos fácilmente almacenables	Requieren sistemas masivos de almacenaje de electricidad
4. Gestión	Recursos de stock que facilitan la gestión de la oferta	Recursos de flujo que aconsejan la gestión de la demanda
5. Accesibilidad	Su extracción requiere grandes empresas, medios y capital	Fuentes distribuidas y escalables, accesibles a la ciudadanía
6. Rendimiento	Rendimientos bajos en su transformación en electricidad y movilidad	Rendimientos altos en todas la transformaciones y aplicaciones

Tabla 12. Distinta naturaleza de las fuentes energéticas no renovables y renovables. Fuente: elaboración propia.

El análisis de estas diferencias muestra hasta qué punto la transición energética de las fuentes no renovables a las fuentes renovables representa un cambio de civilización.

El territorio, clave en la transición energética

El territorio es el área geográfica donde una determinada comunidad humana vive y se desarrolla; además de los paisajes naturales, comprende la agricultura, la ganadería, las minas y canteras, las viviendas, las edificaciones industriales y de servicios, las calles y parques, las infraestructuras y los sistemas de comunicación, y ahora, se deben agregar las instalaciones de captación de las energías renovables.

La mayoría de la población y de los responsables políticos no son conscientes del impacto de la captación de las energías renovables en el territorio; simplemente se supone que las energías renovables sustituirán a los fósiles sin modificar ni los patrones de consumo ni los procesos tecnológicos. Los requisitos de territorio para captar las energías renovables son prácticamente inexistentes en el debate público: o no se tiene conciencia o no se quiere abordar.

Para hacernos una idea de este cambio, propongo recurrir al análisis que hizo en 2010 el científico checo-canadiense V. Smil a partir del concepto de densidad de potencia. Lo define como el flujo de energía que se obtiene sobre una superficie horizontal de territorio para diferentes tecnologías teniendo en cuenta el conjunto de etapas y procesos necesarios para obtenerla (la extracción o captación, la transformación, el almacenamiento, etc.), en lugar del simple flujo de energía obtenido sobre la superficie de trabajo del captador. V. Smil aplica este concepto a diferentes tecnologías de generación de electricidad.

Las cifras obtenidas, convenientemente actualizadas e interpretadas, permiten establecer la imagen de la figura 7, donde se visualizan las superficies necesarias para obtener la misma energía con tecnologías basadas en la biomasa (representativas de una economía preindustrial), basadas en los combustibles fósiles (representativas de una economía industrial) y basadas en las nuevas energías renovables (representativas de una economía post-fósil).

Esta imagen nos indica:

> Primero. El paso de una economía preindustrial basada en un presupuesto energético solar a una economía industrial madura basada en los combustibles fósiles representó una reducción de los requisitos territoriales en alrededor de 1,600 veces, ya que el uso de los combustibles fósiles obvia la necesidad de superficies para la captación de la energía solar.

Segundo. La transición de una economía industrial, basada en los combustibles fósiles, a una nueva economía post-fósil, basada nuevamente en fuentes renovables, aunque se fundamenta en tecnologías de captación más avanzadas, supone unos requisitos territoriales aproximadamente 80 veces superiores a los de la economía industrial y unas 20 veces inferiores (gracias al salto tecnológico) a los de la economía preindustrial.

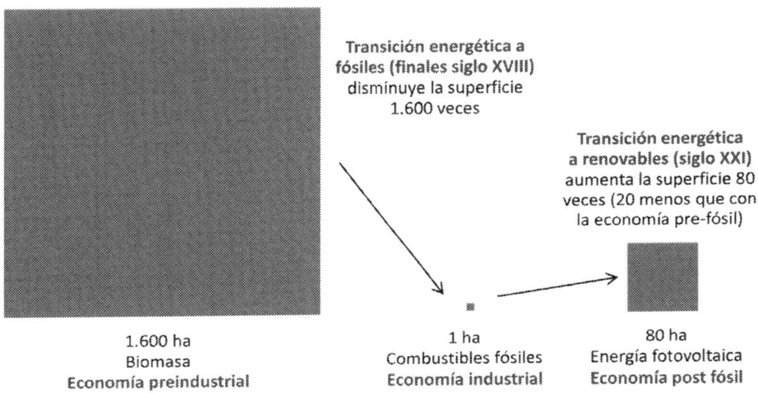

Figura 7. Relación de superficies para obtener una energía de 72,000 MWh por año. Fuente: elaboración propia a partir de los datos de Smil actualizados.

En su escrito, V. Smil mide las densidades de potencia en W/m^2 (vatios por metro cuadrado), que, aunque es una unidad adecuada, tiene poca conexión con la vida cotidiana. En este texto, hemos preferido medir la densidad de potencia en MWh/ha/año, de tal manera que 1 MWh = 1.000 kWh y ha = hectárea.

Consecuencias en las formas de organización territorial

El paso de la economía preindustrial a la industrial y el uso de los fósiles han tenido profundas consecuencias en las formas de organización territorial que hoy en día nos parecen obvias, cuando, de hecho, no lo son.

En primer lugar, porque ha permitido disponer de una abundancia de energía de la que las sociedades anteriores no pudieron disponer con presupuestos energéticos solares. Recordemos que desde 1750, los usos energéticos en el mundo se han multiplicado por más de 50, y desde hace unos 40 años, los combustibles fósiles cubren alrededor del 80 % del sistema energético. Esta gran disponibilidad de energía ha hecho posible el progreso y la mejora de la calidad de vida, pero también el crecimiento de la población y la superación de muchos de los límites de la biocapacidad del planeta. Tengamos presente que desde 1750, la población mundial se ha multiplicado por 10.

Y, en segundo lugar, los combustibles fósiles y los derivados del petróleo en particular han permitido desplegar un sistema de transporte eficaz y barato, aunque con graves repercusiones ambientales y climáticas. La facilidad de transporte ha tenido repercusiones trascendentales en las formas de distribución de la población y de las actividades en el territorio. De hecho, la población urbana mundial ha crecido de 750 millones de habitantes en 1950 (el 29,6 % del total), cuando solo Nueva York y Londres superaban los 10 millones de habitantes, a 4.350 en 2020 (5,8 veces más y el 56,2 % de la población total), cuando las ciudades que superan la cifra anterior ya son treinta y cinco. En los últimos quince años, el 92 % del crecimiento humano del planeta se ha concentrado en las ciudades.

La concentración urbana y el gigantismo de las grandes ciudades alejan cada vez más las zonas de suministro de recursos básicos (alimentos, agua, energía) de los destinatarios, haciendo que su metabolismo sea más dependiente del transporte y, en última instancia, de los derivados del petróleo. Los desequilibrios territoriales entre el mundo urbano y el mundo rural son una de las dificultades principales para la transición energética hacia fuentes renovables, donde el transporte volverá a ser más crítico.

Tecnologías de captación y densidad de potencia

Afortunadamente, en la actualidad contamos con tecnologías de captación (termosolar, fotovoltaica, hidroeléctrica, eólica) mucho mejores que en la época preindustrial, por lo que el sistema renovable futuro será mucho más eficiente desde el punto de vista territorial (unas 20 veces más) que con las fuentes energéticas renovables de la época preindustrial.

A continuación, se presenta una breve descripción de diferentes tecnologías de captación de energía de fuentes renovables, así como la evaluación de su eficiencia en términos de densidad de potencia medida en energía obtenida por unidad de territorio (o de techo) y por año (MWh/ha/año). También se indica la naturaleza de la energía obtenida: térmica, eléctrica o en forma de carburantes para motores térmicos.

Sistemas termosolares

Los captadores termosolares planos son la forma más sencilla de obtener energía térmica a partir del calentamiento de agua hasta temperaturas de unos 80 °C o de fluidos térmicos hasta temperaturas de unos 160 °C; su eficiencia puede llegar al 70 % de la energía de la radiación solar incidente. Las densidades de potencia en energía térmica que se logran con instalaciones sobre el terreno oscilan entre 2.500 y 4.000 MWh/ha/año, o, en disposiciones más compactas sobre tejado inclinado, de 4.500 a 6.000 MWh/ha/año (o, lo que es lo mismo, de 450 a 600 kWh/m^2/año de superficie de techo, que suele ser superior a la del captador).

Con fluidos térmicos adecuados y sistemas de concentración con seguidores, como los captadores cilindro-parabólicos o campos de espejos y torre, se logran temperaturas de hasta 400 °C del fluido térmico. Esta energía térmica se puede utilizar directamente en procesos industriales o para producir electricidad a partir de una turbina de vapor (centrales eléctricas termosolares). En este último caso, la transformación de la energía térmica en electricidad penaliza los valores de la densidad de potencia de estas tecnologías, que descienden a valores de entre 600 y 850 MWh/ha/año, con la salvedad de que son MWh eléctricos.

Sistemas fotovoltaicos

Los captadores fotovoltaicos, junto con los termosolares, son los que más evidencian la relación de la energía obtenida con la superficie del territorio. En la actualidad, la potencia pico de las placas fotovoltaicas es de unos 200 W/m^2 cuando la radiación solar incidente es de 1.000 W/m^2. Para obtener la densidad de potencia de las instalaciones fotovoltaicas, es necesario combinar la potencia pico de las placas con las horas de insolación, la separación entre placas —para evitar sombras—, los espacios de acceso y los elementos auxiliares.

La energía captada con sistemas fotovoltaicos depende de la latitud y del número de horas de sol anuales. Los sistemas fotovoltaicos colocados sobre tejado, más compactos, suelen tener densidades de potencia más elevadas, que, en las zonas templadas (en el sur de Europa) y según la inclinación y la orientación, pueden ir de 1.800 a 2.400 MWh/ha/año (o, lo que es lo mismo, de 180 a 240 kWh/m^2/año de tejado).

Las densidades de potencia de los parques fotovoltaicos sobre el terreno, dependiendo de la latitud y del clima, se sitúan entre 600 y 1.200 MWh/ha/año, con un valor medio de 900 GWh/ha/año. Al mismo tiempo, es importante tener en cuenta que en las zonas templadas la captación varía sensiblemente según las estaciones del año.

Sistemas hidroeléctricos

La energía hidroeléctrica depende de la lluvia, de las corrientes de agua que genera y de la existencia de desniveles; por lo tanto, las densidades de potencia van desde prácticamente cero en países llanos hasta valores moderados en países montañosos y lluviosos.

Desde un punto de vista estricto, la densidad de potencia de la generación hidroeléctrica se debería calcular sobre el área de la cuenca que recoge las aguas, ya que, una vez turbinadas, no pueden ser una nueva fuente de energía. La aplicación de este criterio, incluso en cuencas de productividad hidroeléctrica elevada, da valores inferiores a los 10 MWh/ha/año.

Otro criterio podría ser calcular la densidad de potencia sobre la superficie ocupada por los lagos o embalses que alimenta a las centrales hidroeléctricas; en este caso, los valores pueden ser superiores a los de las instalaciones fotovoltaicas.

Sistemas eólicos

Las cimentaciones y los servicios de los aerogeneradores (o turbinas eólicas) ocupan poco espacio, menos de 0,5 ha por MW de potencia. Esto podría hacer pensar que la densidad de potencia de la energía eólica es la más elevada de todas las renovables. Sin embargo, los aerogeneradores (tanto en tierra firme como en el mar) deben estar separados entre sí para evitar que unos hagan sombra de viento a otros.

Las recomendaciones sobre la separación en las dos dimensiones se establecen en función del diámetro del rotor con palas (entre 5 y 10 veces). Esto significa una superficie de 8 a 12 ha por MW de potencia, aproximadamente veinte veces más que el espacio directamente ocupado.

Aunque los vientos son intermitentes y aleatorios, no tienen las limitaciones de la luz solar. Los parques eólicos comienzan a ser rentables cuando su factor de uso es del 25% (equivalente a funcionar un 25% del tiempo a potencia nominal), pero hay lugares donde el factor de uso puede ser el doble. Dependiendo de los vientos y la orografía, la densidad de potencia de los parques eólicos puede variar de 250 a 600 MWh/ha/año.

Biomasa

Se considera biomasa la energía que se obtiene de la leña de los bosques. Según los países y las especies arbóreas, la explotación sostenible de la leña de los bosques (sin deforestarlos) puede ir de 2 toneladas hasta unas 16 toneladas por hectárea y año. La energía que se obtiene por tonelada de leña es del orden de los 5 MWh de energía térmica por tonelada, por lo que la energía que se puede obtener de la leña de los bosques puede oscilar entre 10 y 80 MWh/ha/año.

Smil da para la biomasa un rango de densidades de potencia de 44 a 52 MWh/ha/año, que se sitúa en la parte central de estos valores. La energía que puede proporcionar la leña de los bosques de España se encuentra en los valores bajos del rango indicado.

Agrocarburantes (o biocarburantes)

La estrategia de cultivar vegetales para transformarlos posteriormente en biocarburantes es errónea. En primer lugar, porque choca con la producción de alimentos, para los cuales no sobran tierras de cultivo para alimentar a la población ni de España ni de Europa ni del mundo. Y, en segundo lugar, porque la productividad energética de los cultivos para biocarburantes es tan baja que, para sustituir los usos actuales del petróleo y sus derivados, no habría suficientes tierras de cultivo en el planeta. La política de los agrocarburantes es la excusa para continuar con la inercia de los motores térmicos y, así, alargar su agonía.

Los cultivos más eficientes para producir bioetanol (alternativa a la gasolina) son la caña de azúcar y el maíz: entre 5.500 y 6.800 litros por hectárea, que se traducen en densidades de potencia entre 35 y 45 MWh/ha/año. El cultivo más eficiente para producir biodiésel es el aceite de palma: unos 2.650 litros por hectárea, que se traducen en una densidad de potencia de 25 MWh/ha/año. Además de los bajos valores de densidad de potencia, estos biocarburantes van destinados a unos motores térmicos que, en condiciones reales, tienen rendimientos comprendidos entre el 20 % y el 30 %.

Tecnología		Tipos de energía	MWh/ha/año	
			Rango	Media
Termosolar	Sobre tejado	Térmica	De 4.000 a 6.000	5.000
	Sobre territorio	Térmica	De 2.000 a 3000	2.500
Centrales eléctricas termosolares		Eléctrica	De 600 a 850	750
Fotovoltaica	Sobre tejado	Eléctrica	De 1.800 a 2.400	2.000
	Sobre territorio	Eléctrica	De 600 a 1.200	900
Eólica	Respecte la base	Eléctrica	De 5.000 a 10.000	7.500
	Sobre territorio	Eléctrica	De 250 a 600	500
Hidroeléctrica	Sobre embalse	Eléctrica	De 150 a 800	500
	Sobre la cuenca	Eléctrica	De 0 a 10	
Biomasa	Leña bosque	Térmica	De 10 a 80	20
Biocarburantes	Etanol	Carburante	De 35 a 45	40
	Biodiésel	Carburante	De 20 a 25	22

Tabla 13. Densidad de potencia de diferentes tecnologías renovables. Fuente: Elaboración propia a partir de medidas en instalaciones energéticas reales y valores de la FAO para los biocarburantes.

El análisis de los valores de esta tabla lleva a las siguientes consideraciones:

1. Destacan los valores bajos de las densidades de potencia de la biomasa que se puede obtener de los bosques. Por ejemplo, la energía térmica que se podría obtener de la explotación integral de los 14,7 millones de hectáreas de superficie de bosque arbolado de España (tarea impensable debido a la inaccesibilidad de muchos de ellos) sería de unos 120 TWh/año, lo que representa el 8 % de la energía primaria consumida en el país en 2019.
2. Como se ha mencionado, es un error obtener agrocarburantes para vehículos a partir de cultivos. Es mucho mejor destinar la misma superficie a parques fotovoltaicos (ya que es al menos 20 veces más eficiente). Teniendo en cuenta que el motor eléctrico alimentado por baterías es de 3 a 4 veces más eficiente que un motor térmico alimentado por biocarburante, entonces la ventaja del parque fotovoltaico sobre los cultivos para biocarburantes es del orden de 60 a 80 veces.
3. Los aerogeneradores para captar la energía eólica ocupan muy poco espacio en la base y, por lo tanto, permiten utilizar los espacios entre ellos para cultivos, pastizales o parques fotovoltaicos; sin embargo, la densidad de potencia real (es decir, el aprovechamiento de la energía del viento para un territorio determinado) suele ser más baja que con las instalaciones fotovoltaicas.

4. En las instalaciones hidroeléctricas pasa algo similar a los aerogeneradores: la densidad de potencia respecto a la superficie ocupada por los embalses es relativamente alta, aunque menor que la fotovoltaica; sin embargo, la densidad de potencia real (referida al aprovechamiento del agua de la cuenca) resulta mucho más baja que la energía eólica y que la energía fotovoltaica. También en este caso, el territorio de la cuenca más allá del embalse permite todos los demás usos.
5. Las centrales eléctricas termosolares tienen densidades de potencia inferiores a los parques fotovoltaicos, aunque combinadas con depósitos de sales fundidas posibilitan la generación de energía eléctrica algunas horas fuera de los horarios solares. La mayor ocupación de suelo y las inversiones considerablemente mayores que requieren han hecho que no hayan proliferado después de las primeras experiencias.
6. La densidad de potencia de la captación fotovoltaica es la más alta entre todas las tecnologías que proporcionan electricidad. Aunque es la más invasiva en ocupación del suelo, es altamente recomendable en los techos de edificios, especialmente en los de cierta dimensión y, por otro lado, se están desarrollando formas de implantación combinadas con la agricultura o la ganadería (que toman

la denominación de agrivoltaica), en algunos casos con efectos beneficiosos para la protección de los cultivos de una insolación excesiva.

7. Finalmente, cuando hay un volumen de usos térmicos notable a temperaturas bajas y medias en zonas densamente pobladas (agua caliente sanitaria, calefacciones, secaderos, ciertos procesos industriales), la captación térmica directa sobre tejado o sobre el terreno, con concentración o sin ella (dependiendo de la temperatura requerida), es la solución que proporciona una densidad de potencia más elevada y, por lo tanto, la que ocupa menos superficie.

Almacenamiento y gestión de la energía

Con el sistema energético actual, basado mayoritariamente en combustibles fósiles disponibles en todo momento, es fácil ajustar el suministro a las demandas de energía de cada momento. En cambio, para gestionar de forma fiable y sostenible el futuro sistema energético renovable basado en fuentes variables, intermitentes y aleatorias, como la radiación solar, los vientos (y, en menor medida, las corrientes y saltos de agua), y donde se prevé la electrificación de una parte importante de la movilidad y de los sistemas de calefacción con la bomba de calor, será necesario desarrollar nuevos sistemas de almacenamiento masivo de energía de los cuales aún no disponemos de tecnologías probadas a gran escala y a largo plazo.

La radiación solar, la fuente energética más universal y presente en todas partes, se caracteriza por su estacionalidad a medida que nos alejamos del ecuador (zonas donde reside buena parte de la población mundial), con intensidades más elevadas en verano que en invierno. Por ejemplo, en España, la radiación solar en el mes de diciembre (incluida la difusa) es 2,5 veces menor que la media anual y 4,4 veces inferior a la del mes de julio. Afortunadamente, en muchos lugares, la energía eólica (de distribución geográfica más irregular), la hidráulica (que depende de la pluviosidad y de la orografía) o la biomasa (que depende de los bosques) pueden compensar parcialmente los desequilibrios estacionales de la radiación solar.

Para cubrir la falta de sincronía entre la generación renovable y los usos energéticos de una ciudad o de un país a lo largo de un día se requiere un almacenamiento diario ya importante. Por ejemplo, los usos medios diarios de energía útil en España en 2019 fueron de 1.540.000 MWh, que, en un sistema renovable, requerirán captar 2.840.000 MWh diarios. Suponiendo que se deba almacenar el 10 % de esta energía (284.000 MWh) para cubrir los desequilibrios día/noche, sería necesario cargar y descargar cada día el equivalente a 5.680.000 baterías de 50 kWh, típicas de un automóvil eléctrico con una autonomía de 250 a 300 km.

A medida que se consideran escalas de tiempo mayores, la cantidad de energía a almacenar aumenta y los tiempos antes de la descarga son más largos, de tal forma que el almacenamiento estacional es el más crítico. Volviendo al ejemplo de España, suponiendo que es necesario almacenar un 5 % de la energía del verano para usarla en invierno, esto significaría un sistema de almacenamiento de energía captada de alrededor de 12.800.000 MWh para ser utilizado después de unos seis meses: el almacén sería cerca de 45 veces superior y el tiempo de mantenimiento unas 180 veces más largo que el del almacén diario.

En los cálculos anteriores se ha tenido en cuenta que la energía usada después de un almacenamiento puede ser el doble o más de la energía usada directamente después de ser captada, una vez que se han considerado tanto los rendimientos del mismo proceso de almacenamiento como la energía gris invertida en los aparatos y las instalaciones involucradas.

A continuación, se describen brevemente las principales formas de almacenamiento.

Combustibles y almacenamientos térmicos

En la perspectiva de la transición energética, habitualmente se piensa en el almacenamiento eléctrico y a menudo se olvida el almacenamiento basado en otras formas de energía, como los combustibles renovables (leña, biogás), o en la acumulación de energía térmica (depósitos de fluidos, subsuelo).

La leña y otras formas de biomasa son fuentes de energía que, en ausencia de los combustibles fósiles, proporcionan calor y son directamente almacenables; por lo tanto, conviene reservarlas para usos térmicos en invierno para disminuir las necesidades de almacenamiento estacional. España produce alrededor de 1.250.000 toneladas de madera, que proporcionan una energía térmica de unos 5.300.000 MWh por año; con una explotación integral de los bosques de España, el potencial sería mayor.

El biogás es básicamente metano obtenido a través de la digestión anaeróbica de residuos orgánicos (estiércol, restos de cultivos, residuos orgánicos urbanos e industriales, lodos de depuradoras), y su residuo sólido puede ser un fertilizante para los suelos. El biogás es almacenable, pero presenta la misma baja densidad volumétrica que el gas natural. España produce alrededor de 2.740.000 MWh anuales de biogás, y algunas fuentes estiman un potencial de más de 40 veces superior. Las plantas de biogás deben tener una dimensión mínima, y el biogás debe procesarse inmediatamente después de la producción de residuos. Los usos más eficientes son en aplicaciones térmicas y maquinaria agrícola en los mismos entornos donde se genera.

La captación termosolar es la más eficiente de todas en relación con la radiación solar incidente, y la *acumulación termosolar* tiene su principal aplicación en el almacenamiento diario o de corta duración. El potencial de la energía térmica y de su almacenamiento es inmenso, prácticamente en todas partes e incluso en invierno. Por lo tanto, la acumulación termosolar puede disminuir el uso de otras energías con costes mayores de almacenamiento; por ejemplo, mediante el calor acumulado en el fluido de entrada de una bomba de calor, en la obtención de agua caliente sanitaria, en las calefacciones o en procesos industriales a baja temperatura.

Almacenajes eléctricos

Las principales energías del nuevo sistema renovable (fotovoltaica, eólica, hidroeléctrica) provienen de fuentes variables, intermitentes y/o aleatorias que generan electricidad que hay que usar en el mismo momento de ser generada. Esta combinación de circunstancias dificulta en gran medida el ajuste entre los momentos de producción y los de consumo, y de ahí surge la principal necesidad del almacenamiento diario de electricidad.

Las *baterías eléctricas* son dispositivos electroquímicos recargables que transforman la energía eléctrica en química, y viceversa. Hoy en día, las baterías más conocidas son las de litio utilizadas en la automoción: tienen un buen rendimiento de carga/descarga (más del 80 %), pero en comparación con el almacenamiento de energía en combustibles fósiles son caras, relativamente pesadas (0,25 kWh/kg) y voluminosas (0,50 kWh/L). Debido a la autodescarga (del 2 % al 15 % mensual, según los tipos), las baterías son poco adecuadas para el almacenamiento estacional, pero pueden ser apropiadas para el diario o de corta duración.

Otro sistema para almacenar la energía eléctrica son las *centrales hidroeléctricas reversibles* (o *centrales de bombeo*), que disponen de un doble embalse hidráulico a diferente altura: cuando la generación eléctrica es mayor que la demanda, unas bombas elevan el agua del embalse inferior al superior, y cuando la demanda es superior a la oferta, el agua baja, mueve una turbina y genera electricidad. Hoy en día, este sistema se usa para acumular el excedente de electricidad generado por otras centrales, fundamentalmente las nucleares durante la noche para venderla a un precio más alto durante el día. Las centrales de bombeo instaladas en el mundo suman una potencia superior a los 170 GW (de ellos 8 GW en la Península Ibérica), pero la capacidad de almacenamiento es moderada. Los embalses son muy voluminosos, requieren condiciones geográficas singulares, demandan una gran inversión, y el alto rendimiento en el funcionamiento diario (del orden del 80 %) puede verse muy disminuido en un régimen estacional debido a la evaporación y a las filtraciones.

El hidrógeno

La producción y el almacenamiento de hidrógeno se consideran como una de las soluciones más prometedoras para descarbonizar el sistema energético cuando los combustibles fósiles vayan disminuyendo. El esquema básico consiste en obtener hidrógeno a partir de electricidad renovable por electrólisis del agua, almacenar el hidrógeno obtenido para desacoplar la generación de la demanda en el tiempo y volver a convertir nuevamente el hidrógeno en electricidad mediante una pila de combustible o una central de ciclo combinado.

El hidrógeno, sin embargo, va más allá de ser una forma de almacenamiento de la energía eléctrica. Como bien propugna Eduard Furró en su libro *Cataluña, aproximación a un modelo energético sostenible* (Octaedro, 2016), el hidrógeno, es un vector energético polivalente y almacenable que puede configurarse como un elemento clave del futuro sistema renovable al permitr cubrir tanto los usos térmicos como los de movilidad y los eléctricos, además de constituir una importante fuente de materia prima.

Esta versatilidad y su carácter almacenable han despertado recientemente unas expectativas desenfocadas y desmesuradas sobre el hidrógeno como simple sustituto del petróleo y del gas natural.

Para hacer un uso adecuado del hidrógeno, es necesario comprender sus características y limitaciones. En primer lugar, hay que recordar que el hidrógeno no es una fuente de energía, no se encuentra libre en la naturaleza y, por lo tanto, debe ser obtenido a partir de otras fuentes de energía. En segundo lugar, es un gas tan ligero que, si no formara parte de compuestos (agua, materia orgánica), la fuerza de gravedad de la Tierra no lo retendría y se escaparía al espacio. Y, por último, el sistema de almacenamiento de la electricidad por medio del hidrógeno tiene unos rendimientos muy bajos, del orden de 30 % a 35 %.

Aunque la obtención de hidrógeno mediante la electrólisis del agua es un proceso relativamente eficiente, luego es necesario almacenarlo, distribuirlo y transformarlo nuevamente en electricidad. La densidad energética por unidad de masa del hidrógeno es muy alta (33,3 kWh/kg, tres veces la del petróleo), pero la densidad energética por unidad de volumen es extremadamente baja. Si se almacena a 200 atmósferas (para aplicaciones estáticas), la compresión consume alrededor del 10 % de la energía y el depósito ocupa unos 60 litros por kg de H_2; si se almacena a 700 atmósferas (para aplicaciones de automoción), la compresión consume cerca del 20 % de la energía y el depósito ocupa unos 25 litros por kg de H_2, y si se almacena licuado a -253 °C (para aplicaciones especiales), el proceso criogénico consume del 25 % al 30 % de la energía y el depósito ocupa unos 15 litros por kg de H_2, además de consumir una energía a lo largo del tiempo para mantener las condiciones criogénicas.

Como término de comparación, 1 litro de gasolina contiene aproximadamente unos 630 gramos de carbono y unos 120 gramos de hidrógeno, más que los 70 gramos de 1 litro de hidrógeno líquido; ahí radica la ventaja de la elevada densidad energética volumétrica de los derivados del petróleo.

Hoy en día se están investigando formas de almacenamiento del hidrógeno a partir de líquidos portadores o nanomateriales que disminuyan el volumen necesario a bajas presiones. También se está investigando el almacenamiento del hidrógeno a gran escala en cavernas salinas subterráneas.

El hidrógeno, además de almacenar energía, permitirá cubrir otras necesidades del futuro sistema energético renovable hasta ahora resueltas mediante los combustibles fósiles (ver el esquema de la figura 8).

En primer lugar, será un combustible insustituible en procesos térmicos industriales a altas temperaturas (metalurgia, cerámica) con rendimientos elevados, de hasta el 95 %. En segundo lugar, se podrá convertir nuevamente en electricidad a partir de las pilas de combustible, dispositivos estáticos, ampliamente escalables (desde pocos W hasta MW) y con rendimientos del 45 %, que pueden proporcionar energía eléctrica tanto a los vehículos pesados y de largo alcance (camiones, maquinaria agrícola, de obras públicas, ferrocarriles no electrificados, barcos y, probablemente, aviones) como alimentar la red eléctrica en horas de generación baja (las futuras centrales reguladoras); y, en ciertas circunstancias, también se podrá aprovechar el calor generado por las pilas de combustible para usos térmicos.

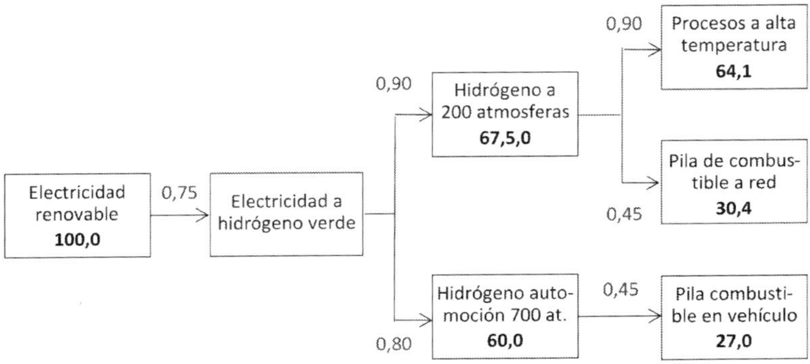

Figura 8. Esquema de los itinerarios del hidrógeno en el futuro sistema energético renovable. Fuente: Elaboración propia en base a rendimientos convencionales.

Hoy en día, el hidrógeno ya se utiliza en grandes cantidades como materia prima en la fabricación de fertilizantes nitrogenados (la mayor parte de su uso) u otros procesos químicos y petroquímicos. La producción mundial anual de 75 millones de toneladas se obtiene de los combustibles fósiles (principalmente del gas natural), consume el 2,5 % de la energía (unos 4.100 millones de MWh, 15 veces el consumo energético de Cataluña) y genera el 2,5 % de las emisiones por la energía (890 millones de toneladas de CO_2). Hoy día, la fabricación de hidrógeno verde a partir de electricidad renovable es menos del 1 % del total y se circunscribe mayoritariamente a proyectos de demostración.

Algunos de los usos actuales del hidrógeno deberán disminuir: por ejemplo, en la fabricación de fertilizantes químicos con el fomento de la agricultura regenerativa o en el refinado del petróleo a medida que disminuyan los combustibles fósiles; pero, en cambio, aparecerán otras necesidades, como la sustitución del carbón por hidrógeno en la reducción del mineral para obtener el hierro.

Por lo tanto, el hidrógeno se configura como un vector energético esencial del futuro sistema energético renovable. Sin embargo, dados los rendimientos de la transformación electricidad-hidrógeno-electricidad (del orden del 30 %), es necesario circunscribir su uso a aquellas aplicaciones donde no haya otras alternativas viables y, aun así, las previsiones futuras son muy elevadas en el transporte pesado y de largo alcance, los procesos térmicos a alta temperatura, las centrales eléctricas reguladoras, el almacenamiento estacional y como materia prima.

Minimizar las necesidades de almacenamiento

Otro enfoque del problema es gestionar las actividades humanas y los procesos de producción para minimizar o, en algunos casos, evitar el almacenamiento de energía. Esto puede implicar cambios importantes en los comportamientos y en la organización de la vida ciudadana y de las actividades productivas. A continuación, se analizan algunas estrategias para hacer efectiva esta estrategia.

Un primer camino es sincronizar tanto como sea posible el consumo de energía con los momentos de captación de las fuentes renovables: es lo que se denomina gestión de la demanda, e implica ajustar los comportamientos de la ciudadanía y cambiar las tecnologías y la organización del sistema productivo.

Por ejemplo, hoy en día las vacaciones se realizan en verano, cuando la insolación es máxima, y, en cambio, la mayor parte de las actividades productivas se detienen; tal vez sea necesario reconsiderar este calendario, al menos en lo que respecta a los procesos más intensivos en energía. Ello evitaría una buena parte del almacenamiento estacional y haría mucho más eficiente el sistema.

Vinculado con la gestión de la demanda, es necesario cambiar radicalmente el criterio en cuanto a las inversiones. Hoy en día se suele priorizar la rentabilidad de la maquinaria y las instalaciones del proceso, dando por sentado que la energía está disponible en todas partes y en todo momento. Al planificar una actividad en el nuevo sistema renovable, será necesario rentabilizar el conjunto del sistema, desde la captación de energía y el almacenamiento correspondiente hasta la actividad propiamente dicha. Entonces descubriremos que concentrar la actividad en los momentos de mayor captación de energía puede proporcionar la máxima rentabilidad al sistema.

Todavía hay otras estrategias, como almacenar energía en forma de productos: la producción y el almacenamiento de hidrógeno ya van en esta dirección. Pero también se pueden explorar operaciones y productos consumidores de energía no condicionados por otros procesos (por ejemplo, el reciclaje de materiales) para activarlos en las épocas y en los momentos de máxima captación.

Capítulo 5

¿Cómo realizar la transición energética?

La principal cuestión que la humanidad debe abordar en las próximas décadas es realizar la transición de los combustibles fósiles a las fuentes de energía renovable. Aunque la energía renovable es abundante, este cambio implica pasar de energías más intensivas a otras menos intensivas: probablemente, en lugar de hablar de una crisis energética, habría que hablar de una crisis de potencia, de la necesidad de desacelerar los tiempos.

Este paso no es sencillo, dado que todo el entramado de la civilización actual (los usos, las tecnologías, el sistema económico, la legislación) se ha ido configurando de acuerdo con las características de los combustibles fósiles. El intento de emular el sistema fósil con las nuevas energías renovables en muchos casos conduce a un fracaso. Es necesario cambiar nuestros comportamientos, los sistemas tecnológicos y nuestras formas de organización social y política para adaptarlos a las características de las energías renovables, que también ofrecen nuevas oportunidades. En definitiva, estamos ante una ineludible transición energética que comporta un cambio de civilización.

En este último capítulo se abordan varios aspectos subyacentes a cómo gobernar esta transición energética. En primer lugar, se analizan las diferentes sensibilidades colectivas respecto a la gravedad de la crisis, que normalmente están muy condicionadas por la disponibilidad de recursos fósiles en el territorio.

Más adelante se examinan las falsas percepciones sobre la energía que tiene gran parte de la ciudadanía (y también de los responsables políticos y empresariales), así como la incidencia de los intereses económicos ligados al ya antiguo sistema energético que dificultan —y a menudo bloquean— la transición.

A continuación, se pone de manifiesto la importancia de revisar las formas de usar la energía, promoviendo la eficiencia y los usos adecuados y no solo centrando la atención en cómo proveernos de más energía, y se reflexiona sobre la necesidad de moderar el crecimiento de la población mundial y de cambiar la tendencia a su concentración en megaciudades.

Finalmente, este último capítulo esboza unas alternativas de transición energética y analiza sus consecuencias.

Las diferentes sensibilidades ante la crisis de los fósiles

En esta primera sección del capítulo 5 se esboza una interpretación de las diferentes sensibilidades que existen mayoritariamente en varios países y regiones según su nivel de desarrollo y los recursos fósiles de los que disponen en sus respectivos territorios.

Con este propósito, la tabla 14 presenta varios datos referidos al conjunto del mundo, a los países agrupados en países OCDE y países No-OCDE, a las regiones del mundo (África, América del Norte, América del Sur y Central, Asia y Oceanía, Eurasia, Europa y Oriente Medio), y también hace un zoom sobre las subregiones de Europa (Europa del Este, Europa del Norte y Europa del Sur) y sobre España.

Los datos analizados son la población en millones de habitantes (Mhab), el producto interior bruto per cápita (US$/hab, dólares estadounidenses por habitante), la cantidad de fósiles consumidos per cápita (kWh/hab) y una cuarta columna, que es la relación entre los fósiles obtenidos y los consumidos en el territorio expresada en porcentaje (% Prod/Cons).

Cuando en un país o región %Prod/Cons = 100, significa que este territorio produce los fósiles que consume; si este cociente es superior a 100, el país o región es exportador de fósiles, y si es inferior a 100, es importador. Ser exportador o importador tiene una doble consecuencia destacable: 1) a través de los precios internacionales de los fósiles, estas transferencias se traducen en pagos y cobros importantes que gravitan sobre las economías de los países; 2) en la perspectiva de un futuro declive de estos recursos, los países importadores están en una situación más crítica ante eventuales faltas de suministro.

Territorios	Población	PIB per cápita	Consumo de fósiles	Fósiles
	Mhab	US$/hab/año	kWh/hab/año	%Prod/Cons
Mundo	**7.673**	**11.410**	**17.755**	**100,0 %**
OCDE	1.365	39.550	33.870	83,2 %
No-OCDE	6.308	5.320	12.270	119,7 %
Oriente Medio	258	10.440	31.750	261,0 %
Eurasia	297	8.140	34.440	191,0 %
África	1.305	1.910	3.930	173,0 %
América del Sur y C.	503	8.160	9.460	127,1 %
América del Norte	494	49.540	48.290	113,1 %
Asia y Oceanía	4.192	7.360	13.580	73,7 %
Europa	624	32.900	23.320	38,3 %
Europa del Norte	229	49.950	28.270	61,3 %
Europa del Este	114	14.640	21.200	47,4 %
Europa del Sur	281	26.380	20.140	7,1 %
España	47	29.560	22.930	0,2 %

Tabla 14. Comparación de la población, el PIB per cápita, el consumo de fósiles per cápita (energía) y la relación entre la producción y el consumo de fósiles (2019).

Los valores de la tabla 14 indican que en 2019 (el año anterior a la COVID), los países de la OCDE (más ricos) son, en conjunto, importadores de combustibles fósiles, mientras que los países No-OCDE son, en conjunto, exportadores.

Al analizar las regiones, se constata que cinco de ellas son exportadoras. En orden de más a menos: la más exportadora es Oriente Medio, que, a pesar de tener un consumo muy elevado, produce casi 2,6 veces lo que consume y, por lo tanto, exporta el 61,7 % de su producción o 1,6 veces su consumo; le sigue Eurasia, que exporta el 47,6 % de su producción; África que, debido a un consumo propio muy bajo, puede exportar el 42,2 % de su producción; América del Sur y Central, que, con una producción distribuida en muchos países, exporta el 21,3 % de su producción, y América del Norte, que, gracias al auge del *fracking* y los excedentes de Canadá, ha logrado ser ligeramente exportadora.

En cambio, Asia y Oceanía deben importar el 26,3 % de su consumo de fósiles, y Europa, que solo se autoabastece del 38,3 % de los fósiles, debe importar el 61,7 % restante. Si se analizan las subregiones de Europa, la situación es aún más extrema: Europa del Norte (anglosajona) se autoabastece del 61,3 % de los fósiles gracias a unas reservas de carbón menguantes y a los petróleos del Mar del Norte; Europa del Este (mayoritariamente eslava) se autoabastece del 47,4 %, principalmente de carbón; pero Europa del Sur (mediterránea, incluida Turquía) se autoabastece solo del 7,1 % de los fósiles que consume. Y, concretando, España se autoabastecen de un insignificante 0,2 % de fósiles (hoy día, ya cero) y deben importar el 99,8 %.

Estas importaciones y exportaciones se traducen en pagos y cobros. En 2019, los cobros de los países exportadores de Oriente Medio fueron de unos 500.000 millones de US$, y los de Eurasia fueron de cerca de 300.000 millones, mientras que los pagos de los países de Asia y Oceanía fueron de unos 620.000 millones de US$ y los de Europa, de unos 310.000 millones. La factura que pagó España fue de unos 36.000 millones de US$.

Además de las exportaciones e importaciones y las facturas asociadas, el grado de autoabastecimiento tiene (y sobre todo tendrá) otro efecto en la conformación de las sensibilidades de la ciudadanía y de los gobernantes de los países. En efecto, los países exportadores ven la transición energética como una cuestión a largo plazo y no tienen la misma urgencia para abordarla.

Los países importadores, en situación de vulnerabilidad en cuanto al suministro energético de fósiles (lo que se ha evidenciado con la guerra entre Rusia y Ucrania respecto al gas ruso), deberían mostrar una mayor sensibilidad para el despliegue del sistema energético alternativo. Sin embargo, la falta de comprensión de la mayoría de sus ciudadanos (y también de sus gobernantes) sobre la situación real hace que el abordaje de la transición sea mucho más lento de lo que sería deseable. Los países de Europa del Sur, con niveles de vida elevados en el contexto mundial hasta ahora basados en fósiles importados y que, además, disponen de fuentes renovables de energía, especialmente del Sol, deberían ser los líderes en la transición energética.

La falta de una perspectiva global

Cada vez más personas son conscientes de que las emisiones de gases de efecto invernadero en cualquier lugar del planeta se difunden por toda la atmósfera y afectan al cambio climático global. Sin embargo, mucha menos gente es consciente de que sus hábitos de consumo, especialmente los de los ciudadanos de los países más ricos, importadores netos de bienes y servicios, conllevan un gasto energético oculto en otros lugares del cual se benefician.

Los balances energéticos de la AIE contabilizan la energía consumida en cada país, pero no la energía utilizada en otros lugares para obtener productos o servicios que benefician a sus ciudadanos. La importación y exportación de bienes y servicios está asociada, por lo tanto, a una importación y exportación de energía. El instituto francés IDDRI, en su informe *Nouvelles représentations des consommation d'énergie* (CLIP22, 2013), define el concepto de impacto energético (*emprise*, en francés) como la energía que da servicio a los habitantes de un territorio, haya sido consumida en el mismo país o en otros países.

Según este estudio, el impacto energético de los países más desarrollados es notablemente superior a su balance energético, ya que han externalizado muchos de los procesos de producción a otros países de menores ingresos y a menudo son los procesos que conllevan más emisiones. El estudio mencionado señala que, para el conjunto de países de Europa, el impacto energético es un 27,5 % superior al balance energético, y para los países de América del Norte y de la OCDE de Asia y Oceanía, lo supera un 15,6 % y un 9,7 %, respectivamente. En cambio, la situación es inversa en China, debido a su orientación exportadora: el impacto energético es un 19,3 % inferior al balance energético, como también ocurre en Eurasia y en Oriente Medio (21,6 % y 7,4 % inferiores), a causa de la producción de recursos energéticos para la exportación.

A continuación, se analizan los diferentes componentes de los usos energéticos finales per cápita. El análisis se ejemplifica con las cifras de España para el año 2019 (ver la figura 9), estableciendo la hipótesis de que el porcentaje de energía asociada a las importaciones-exportaciones de bienes y servicios sobre el balance energético es el de la media europea.

El esquema de la figura 9 se organiza en círculos tangentes proporcionales a los usos energéticos per cápita a partir de los más cercanos al usuario. Cada uno de los círculos incluye la suma de todos los anteriores, de manera que los valores consignados en los recuadros son las diferencias (representadas por las superficies en forma de luna) entre los círculos del esquema. En esta figura destacan varios aspectos de los consumos totales (impacto energético) de España para el año 2019, representativos de muchos de los países desarrollados.

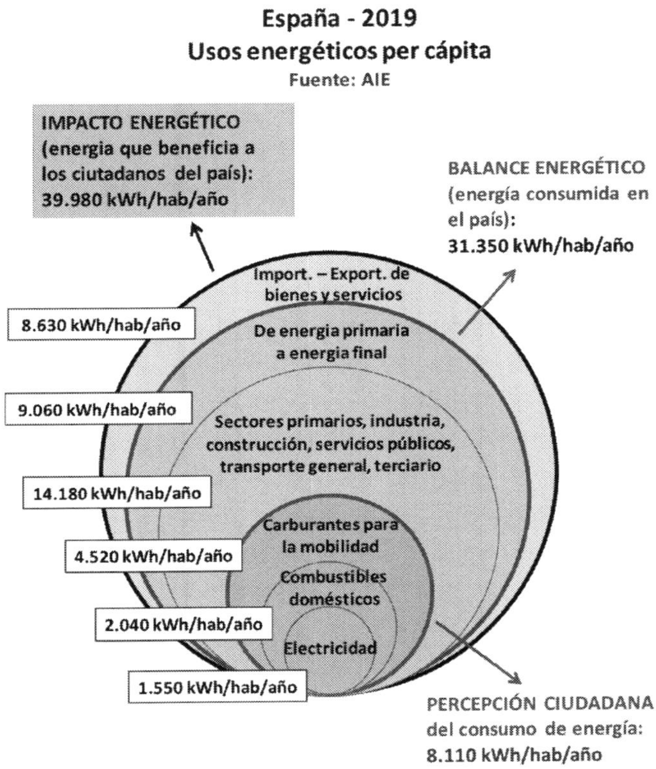

Figura 9. Esquema sobre los usos energéticos de un ciudadano de España. Fuente: elaboración propia a partir de los datos de AIE y de la evaluación de energía importada y exportada del estudio de IDDRI.

1. La energía que pagan directamente los ciudadanos (electricidad, combustibles domésticos y carburantes para vehículos) es de 8.110 kWh por habitante y año, solo el 20,3 % del impacto energético total (39.980 kWh por habitante y año). Muchas personas perciben que este es todo su consumo energético, lo que lleva a un gran sesgo de percepción al abordar la transición energética. Cuando alguien dice que ha instalado placas fotovoltaicas en el techo y que ya es autosuficiente, suele referirse a este 20 % del consumo total. Esta captación de energía para usos propios es esencial en el proceso de transición energética, pero es importante no confundirla con los usos globales que se analizan a continuación.
2. La energía utilizada en forma de vectores energéticos (electricidad y combustibles de usuario) en todas las actividades y servicios de Cataluña es de 14.180 kWh/hab/año (el 45,2 % del balance energético y el 35,5 % del impacto energético). La energía que utilizamos en Cataluña en actividades productivas (primarias, industriales y de servicios) en nuestros lugares de trabajo es 1,75 veces (cerca del doble) el gasto energético en los hogares y la movilidad privada.
3. A continuación viene una energía oculta: la disipada en la obtención de los vectores energéticos desde su extracción o captación hasta

su transformación y distribución (yacimientos de carbón, petróleo y gas —inexistentes en Cataluña—, centrales eléctricas, refinerías, redes de distribución eléctrica, de gas y de carburantes líquidos). Este gasto energético es de 9.060 kWh por habitante y año, el 28,9 % del balance energético y el 22,7 % del impacto energético. Este valor vuelve a ser superior al gasto energético de los hogares y la movilidad privada.

Finalmente, se debe agregar la energía gris más oculta asociada al balance de productos y servicios importados y exportados. A falta de valores específicos para España, se ha aplicado el porcentaje del estudio de IDDRI para Europa (27,5 %). Este nuevo componente del gasto energético añade 8.630 kWh por habitante y año, nuevamente más que el gasto energético de los hogares y la movilidad privada. En total, el impacto energético es de 39.980 kWh por habitante y año (y el balance energético, de 31.350 kWh), cuando la percepción directa del ciudadano es la energía que paga, 8.110 kWh por habitante y año. El resto del gasto energético se lleva a cabo a través de la compra de bienes y servicios, un gasto que la transición energética no puede abstenerse de considerar. Un análisis más profundo desde las perspectivas de kilómetro cero y de economía circular de los procesos de producción y utilización de estos bienes y servicios puede generar grandes ahorros de energía.

Los itinerarios integrales de la energía

Los itinerarios de la energía no se limitan a los vectores energéticos, la energía final que las empresas del sistema energético venden a los usuarios, ni tampoco a la energía útil que los usuarios sitúan a la entrada de los dispositivos, los aparatos o las máquinas. Los itinerarios energéticos continúan con los usos, es decir, la transformación de la energía en efectos que satisfacen las necesidades y deseos humanos. Por lo tanto, son todos los agentes sociales, desde los que captan la energía hasta los que la usan, los que intervienen directa o indirectamente en el itinerario completo de la energía.

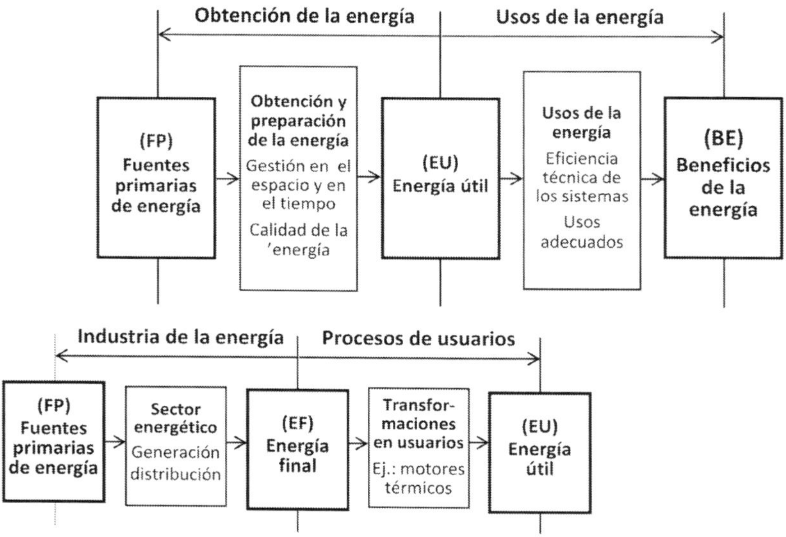

Figura 10. Esquema de los itinerarios integrales de la energía. Fuente: elaboración propia.

El itinerario del sistema energético se divide en dos partes donde el punto de confluencia es la energía final, es decir, los vectores energéticos que las compañías oligopólicas venden a los usuarios domésticos y empresariales. Estas compañías buscan que el rendimiento hasta la energía final sea lo más elevado posible, ya que así ahorran costos; en cambio, aguas abajo de la energía final, estas compañías fomentan el máximo consumo de energía por parte de los usuarios, aunque sea en aplicaciones de baja eficiencia, ya que esto aumenta su facturación y sus ingresos.

Al iniciar la transición hacia las energías renovables, este estado de cosas debe cambiar: todo el itinerario energético debe ser lo más eficiente posible en todas las etapas. Dado que las fuentes renovables son de menor intensidad que los combustibles fósiles y requieren extensas instalaciones y superficies de captación, el primer paso que se debe dar es minimizar las necesidades de energía (y también de otros recursos, como los materiales) tanto mejorando la eficiencia de los dispositivos, los aparatos y las máquinas como adoptando formas de uso adecuadas, no derrochadoras de energía ni de recursos. Tan importante es mejorar en la obtención de la energía como en sus usos.

La obtención de energía para usos propios (también llamada *autoconsumo*), ahora posible gracias a la difusión y escalabilidad de las energías renovables, además de contribuir a impulsar el futuro sistema energético renovable, constituye un elemento pedagógico de primera magnitud para la población, especialmente para los productores-consumidores (también llamados *prosumers*), al poner directamente en relación la producción y los usos de la energía.

El esquema de la figura 10 muestra el itinerario completo de la energía. En la zona superior se indican sus dos principales partes: a) *obtención de la energía*: desde las fuentes hasta su transformación en energía útil; b) *usos de la energía*: desde la energía útil hasta la obtención de sus beneficios a través de las diferentes aplicaciones. La zona inferior del esquema muestra la subdivisión (forzada por la estructura actual del sistema energético) del subitinerario de obtención de la energía: a1) *industria de la energía*: desde las fuentes de energía hasta los vectores energéticos de la energía final que proporciona la industria de la energía; a2) *procesos de usuarios*: adecuación de los vectores energéticos hasta la energía útil en los procesos de los usuarios (por ejemplo, los motores térmicos de los vehículos).

Este esquema invita a buscar mejoras en todas las etapas y en todas las transformaciones del itinerario energético. A continuación, se ilustran algunos ejemplos de mejora en los hogares.

El agua caliente sanitaria

Con la generalización de la ducha diaria, el agua caliente sanitaria (ACS) se ha convertido en un importante consumo energético en los hogares. El calentamiento suele realizarse con calentadores de paso (a gas o eléctricos) o con calentadores de depósito (generalmente con resistencias eléctricas). Los primeros son de uso inmediato, económicos y poco voluminosos, pero requieren una potencia instantánea elevada; en cambio, los segundos tienen un tiempo de arranque más largo, son más caros y voluminosos, pero la potencia energética necesaria es mucho menor. La energía es la misma en ambos casos, pero en el calentador de paso se suministra en pocos minutos (potencia elevada), mientras que en el calentador con depósito esto ocurre durante horas (potencia baja).

La alta intensidad energética de los combustibles fósiles, combinada con la comodidad de los usuarios, ha llevado a priorizar los calentadores de paso, más económicos, disponibles y menos voluminosos. En nuestro país se han generalizado los calentadores de paso de gas natural, que en la lucha contra el cambio climático deberemos ir eliminando; en otros países se han generalizado los calentadores de paso con resistencias eléctricas, que obligan a las familias a contratar potencias de más de 8 kW solo para este uso y que, a escala del país, producen picos que pueden duplicar los consumos eléctricos más altos del resto del día. El calentador de depósito con resistencia eléctrica elimina la necesidad de gas, reduce la potencia eléctrica contratada y facilita la gestión de la demanda al permitir aprovechar la electricidad renovable generada en las horas más favorables.

Desde la perspectiva de la transición energética, aún se puede ir mucho más allá. Unos dos metros cuadrados de colector solar pueden suministrar agua caliente a toda una familia. Si, complementariamente, el depósito dispone de una resistencia eléctrica y un termostato, puede asegurar el suministro de agua caliente en los días nubosos con ahorros globales de electricidad de más del 70%. Y, dado que la mayor parte del consumo eléctrico en las lavadoras y lavavajillas se utiliza para calentar el agua, aún se pueden generar muchos más ahorros energéticos con instalaciones adecuadas y máquinas preparadas para conectarse a los depósitos de agua caliente termosolar.

La iluminación

En los últimos años, los sistemas de iluminación han experimentado una mejora espectacular en la eficiencia técnica al pasar de las lámparas incandescentes a los LED (diodos emisores de luz); para una misma potencia lumínica, el consumo eléctrico ha disminuido en más de un 80%. Sin embargo, ha ocurrido un efecto rebote de sentido contrario (también conocido como *paradoja de Jevons*), que consiste en que el menor costo en energía eléctrica ha fomentado la multiplicación de puntos de iluminación y consumos de energía más allá de los que había con las lámparas incandescentes. Es una contradicción que deberíamos evitar.

Desde la perspectiva de la transición energética, también es necesario adoptar usos adecuados y hacernos preguntas como: ¿son necesarios niveles tan altos de iluminación? ¿Es necesario iluminar las calles de forma permanente durante toda la noche? ¿Hay espacios que se podrían iluminar con luz natural?

En el ámbito de la obtención de energía, también hay nuevas oportunidades en la alimentación de puntos de consumo aislados relacionados con la iluminación o en paradas del transporte público en carreteras a partir de pequeñas captaciones fotovoltaicas. Este tipo de soluciones, además de ganar en resiliencia, ahorran muchos kilómetros de tendidos eléctricos.

El difícil metabolismo de las grandes ciudades

Las civilizaciones se han estructurado en torno a las ciudades como centros que aglutinan el poder, la administración de excedentes, la comunicación, el comercio, así como la producción artística, científica y técnica. Para mantener su funcionalidad, las ciudades requieren entradas constantes de recursos: los más básicos son la energía, el agua y los alimentos, que tradicionalmente se han obtenido de territorios cercanos a sus áreas de influencia relacionadas con la capacidad de transporte desde el lugar de producción hasta la urbe.

A lo largo de la historia, las ciudades sometidas a las limitaciones del presupuesto solar, es decir, a la energía captada de la radiación solar (y los alimentos recolectados) en los territorios que dominaban fundamentalmente a partir de la biomasa (bosques y cultivos), habían conseguido alcanzar una población del orden de un millón de habitantes (o un poco más) gracias siempre a un alto nivel de organización y, sobre todo, al control de vastas extensiones de territorio.

La pionera en esta gesta fue Roma. Esta ciudad creció hacia el inicio de nuestra era hasta alcanzar por primera vez en la historia el millón de habitantes. Otras grandes ciudades habían llegado a poblaciones considerables, de algunos cientos de miles de habitantes (Atenas, Cartago o Alejandría), pero no a la cifra del millón. Cuando en el siglo IV el Imperio Romano se divide y Roma deja de ser la capital a favor de Constantinopla en el Imperio de Oriente y de Rávena en el Imperio de Occidente, en el plazo de un siglo la población disminuyó hasta valores del orden de los 50.000 habitantes.

Posteriormente a Roma, ha habido algunas otras ciudades en el mundo que se estima que han alcanzado el millón de habitantes (Bagdad en los siglos X a XII, varias ciudades chinas y alguna asiática), pero siempre limitadas a cifras del orden del millón de habitantes y mientras han mantenido sus imperios.

Del presupuesto energético solar a los combustibles fósiles

El inicio de la Revolución Industrial en Inglaterra hacia finales del siglo XVIII con la máquina de vapor y el uso del carbón rompe las limitaciones del presupuesto solar y supone un cambio radical en la relación entre las ciudades de los países pioneros y la energía. Las nuevas redes de transporte motorizado, primero basadas en el carbón y posteriormente en el petróleo (barcos, ferrocarriles, más tarde automóviles y aviones), han permitido expandir el territorio de influencia de las ciudades hasta convertirse en globales, eliminando las limitaciones del territorio cercano y permitiendo su explosión demográfica.

Londres, cuna de la Revolución Industrial y del uso del carbón, supera el millón de habitantes poco después del año 1800 y se convierte en la primera ciudad que sobrepasa ampliamente esta cifra para situarse en 6,4 millones de habitantes en el año 1900. Es una población 6 veces superior a las ciudades históricas anteriores, que, con un presupuesto energético solar, nunca habían logrado superar claramente el millón de habitantes. El carbón y los combustibles fósiles permiten disponer de forma inmediata del capital energético acumulado del Sol durante cientos de millones de años a través de las plantas y otras formas de vida fosilizada.

Pero el crecimiento de las ciudades no se detiene con Londres, sino que continúa con otras ciudades industrializadas. Nueva York, que en 1800 era una pequeña ciudad de 60.000 habitantes, toma el relevo, supera a Londres hacia 1920 y, en 1950, se transforma en una ciudad de más de 12 millones de habitantes. Y la ciudad de Tokio, que ya era una ciudad de cerca de 700.000 habitantes en 1800, iguala la población de Nueva York hacia 1950 y sigue creciendo hasta los actuales 39 millones, siendo la ciudad más grande del mundo. La figura 11 muestra la evolución en el tiempo de las cuatro ciudades: Roma, Londres, Nueva York y Tokio (la Roma actual tiene alrededor de 3,2 millones de habitantes).

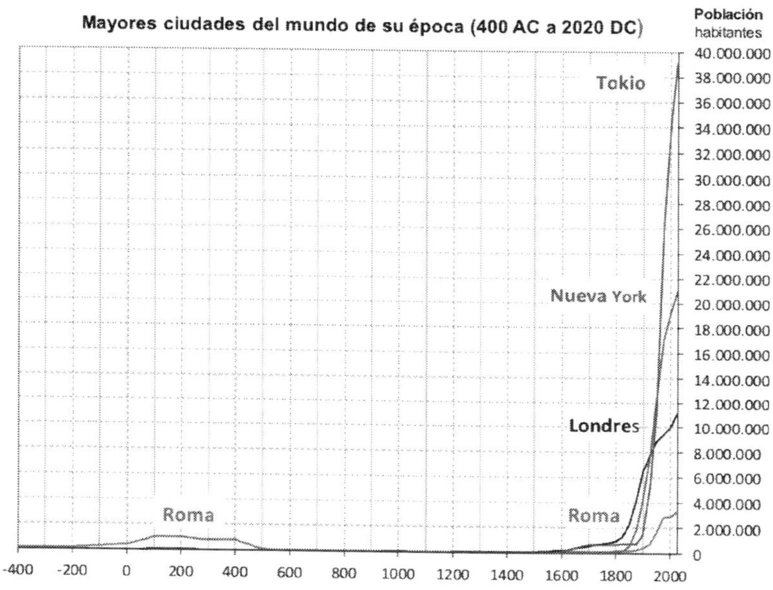

Figura 11. Evolución de la población de las mayores ciudades de cada época. Fuente: G. Riba y C. Riba, 2021.

Hoy en día, en el mundo no hay tan solo unas pocas grandes ciudades: detrás de Tokio, siguen 36 ciudades de más de 10 millones de habitantes y 54 ciudades con poblaciones entre 5 y 10 millones, que suman un total de 532 ciudades de más de 1 millón de habitantes (tres cuartas partes en países No-OCDE). Según el sitio web Demographia 2021, Londres y París (con 11 millones de habitantes cada una) se encuentran en los lugares 34 y 35 del mundo, y la Barcelona metropolitana (con 4,8 millones de habitantes) ocupa el lugar 99.

Superficies para alimentación y energía

Los requerimientos del metabolismo de las grandes ciudades son inmensos: suministro de alimentos, agua, energía y muchos otros productos; así como la evacuación de las emisiones de gases de efecto invernadero y los gases contaminantes en la atmósfera, el tratamiento y vertido de aguas residuales o la eliminación de residuos sólidos, urbanos e industriales.

Estos suministros y vertidos tienen un impacto notable en los territorios circundantes de las grandes ciudades. Sobre la base del sistema energético fósil, se ha desarrollado una agricultura intensiva, centrales de energía enormes y un transporte barato y masivo basado en derivados del petróleo, olvidando la relación de todas estas actividades con el territorio. Las energías renovables requieren grandes superficies de captación inexistentes con los combustibles fósiles, y la transición energética vuelve a poner el territorio sobre la mesa, al mismo tiempo que las megaciudades devienen realidades críticas.

Desde el punto de vista de los usos, la población concentrada en grandes ciudades de estructura compacta tiene consumos menores per cápita y, por lo tanto, es una solución beneficiosa. Sin embargo, el gigantismo de las grandes conurbaciones aleja a los usuarios de los territorios que suministran los recursos, lo que puede repercutir en costos de transporte y distribución totalmente desorbitados, especialmente cuando se deben abastecer de fuentes renovables.

A modo de ejemplo, y partiendo de la población de varias grandes ciudades (se indica el orden mundial) y de las áreas que ocupan, se estudian los requisitos de superficies de cultivo para suministrar alimentos y las superficies para captar energía en un sistema renovable (tabla 15).

Ciudades		Población	Superficies (en km^2)		
			Ciudad	Cultivo	Energía
99	Barcelona	4.770.000	1.080	12.150	1.540
77	Madrid	4.770.000	1.080	12.150	1.540
35	París	11.000.000	2.850	25.400	4.970
11	Nova York	20.900.000	12.100	75.400	13.660
8	Shanghái	22.180.000	4.070	21.750	5.300
3	Delhi	31.870.000	2.330	37.300	1.920
1	Tokio	39.100.000	8.240	43.350	12.390

Tabla 15. Población y área ocupada por varias grandes ciudades del mundo. Estimación de la superficie de cultivo para alimentar a sus habitantes y la superficie para captar energía en un sistema renovable (2021). Fuente: elaboración propia a partir de G. Riba-C. Riba, 2021.

Las cifras de la Tabla 15 han sido estimadas por el autor de este trabajo según los datos de población y áreas ocupadas por las grandes ciudades del sitio web Demographia para el año 2021. Los valores de las superficies de cultivo necesarias para alimentar a la población de las ciudades se han estimado a partir de los balances alimentarios y los usos del suelo para cultivos de la FAO (Organización de las Naciones Unidas para la Agricultura y la Alimentación). Finalmente, los requisitos de las superficies de captación de energía se han basado en los balances energéticos de la AIE.

En estas evaluaciones se han tenido en cuenta varios aspectos: la estimación de las superficies de cultivo se ha corregido en función de las importaciones y exportaciones de alimentos, eliminando los cultivos no alimentarios; por otro lado, en las estimaciones de la superficie para captar energía se ha partido de los consumos energéticos actuales descontando los usos no energéticos de los fósiles, se ha tenido en cuenta la energía asociada a las importaciones y exportaciones de productos y servicios, y se ha aumentado la energía per cápita de las ciudades en un 20 % respecto a la de los países a los que pertenecen para tener en cuenta la concentración de actividades en las ciudades. Para traducir la energía a captar en superficie, se ha adoptado un valor medio entre la captación térmica y la captación fotovoltaica.

Algunos comentarios sobre los resultados:

1. Nueva York, de manera similar a la mayoría de las ciudades estadounidenses, tiene una densidad mucho menor (1.730 hab/km^2 y, por lo tanto, una extensión mucho mayor) que otras ciudades mencionadas (desde los 3.860 hab/km^2 de París hasta los 5.450 de Shanghái); en el otro extremo, Delhi, de manera similar a la mayoría de las ciudades indias, destaca por una densidad muy alta (casi 14.000 hab/km^2).
2. Las superficies de cultivo para alimentar a las grandes ciudades son mucho mayores que la ocupación de las propias ciudades: según el sistema agroalimentario y el tipo de dieta, esta relación va desde 5,3 para Tokio hasta 16 para Delhi; o, en valores per cápita, las ciudades asiáticas requieren entre 0,10 y 0,12 hectáreas por habitante (ha/hab), las ciudades europeas de 0,23 a 0,25 ha/hab y la ciudad estadounidense de Nueva York 0,36 ha/hab (como término de referencia, la media mundial se sitúa en 0,20 ha/hab).
3. Las superficies para captar energía son inferiores a las de alimentación, pero al mismo tiempo más dispares según el grado de desarrollo de cada sociedad: en términos relativos al área de las ciudades, la superficie de captación va desde el 80 % en Delhi hasta el 175 %

en París, por lo tanto, están muy lejos de poderse cubrir con tejados o marquesinas. Dado que estos porcentajes están muy distorsionados por la densidad de las ciudades, conviene analizar los valores per cápita: en Delhi serían unos 60 m^2/hab, en Shanghái unos 240 m^2/hab y en el resto de ciudades de 320 m^2/hab para Tokio, Madrid y Barcelona hasta 650 m^2/hab para Nueva York. Para interpretar estos valores, es necesario tener en cuenta las hipótesis enunciadas anteriormente, que responden a las tendencias de crecimiento actual.

Las cifras que hemos expuesto corresponden a superficies destinadas exclusivamente a cultivos o captación de energía; cuando estos requerimientos superficiales se combinan con las montañas, los bosques, los yermos, los ríos y los asentamientos e infraestructuras urbanas, los territorios necesarios para acoger la alimentación o la energía se hacen mucho más extensos. Como término de referencia, la superficie de cultivo de España (entre secano y regadío) es de 168.300 km^2 (el 33,2 % de la superficie del país). Según la tabla 16, la alimentación de los habitantes de Madrid y Barcelona metropolitanas requiere 37.460 km^2 de cultivos, es decir, el 22,3 % de los cultivos de España, y suponiendo que se destina el 2 % del territorio a captación de energía (porcentaje importante), el suministro de energía de Madrid y Barcelona metropolitanas requeriría 176.000 km^2, más de 1/3 del territorio de España.

De ahí surge la necesidad de plantear una reducción de los consumos mediante procesos eficientes (obtener los mismos efectos con menos recursos) y usos adecuados (eliminar los desperdicios y los usos superfluos). Una parte importante de la mejora de la eficiencia vendrá de la disminución del transporte, que, en términos generales, será más costoso en recursos (especialmente en territorio para obtener los vectores energéticos) que el que hoy tenemos con los derivados del petróleo. Por lo tanto, serán fundamentales las tendencias al kilómetro cero (o kilómetro 100) tanto en la producción de alimentos como en el suministro de energía.

La transformación del metabolismo de las megaciudades, junto con el encarecimiento relativo del transporte, se convertirá en uno de los elementos más críticos de la transición energética hacia las fuentes renovables. En una Tierra finita, que ya no dispondrá de los *stocks* de energía de los combustibles fósiles, la población humana debe dejar de crecer y contener los consumos, y en las sociedades más ricas deberá disminuirlos; al mismo tiempo, la población deberá distribuirse en ciudades menos grandes para aproximar el metabolismo a los recursos de sus entornos más cercanos. Es necesario tener presente que algunas ciudades han crecido en lugares donde no existen las condiciones mínimas de entorno para su mantenimiento sin la ayuda de los combustibles fósiles.

Construir un nuevo paradigma

Los humanos somos seres inteligentes a escala individual o en comunidades reducidas, pero como sociedad mundial no tenemos una percepción adecuada ni contamos con formas eficientes de gobernanza global, de modo que las necesidades inmediatas y los pequeños (grandes) egoísmos de unos y otros nos hacen actuar sin dirección, agotando los recursos que nos sustentan y degradando las condiciones ambientales que permiten nuestra supervivencia.

La historia de los renos de la isla de Saint Matthew es muy ilustrativa de este comportamiento carente de inteligencia colectiva. En 1944, durante la Segunda Guerra Mundial, la Guardia Costera de los Estados Unidos decidió instalar una estación de radio en la isla deshabitada de Saint Matthew, que tiene una superficie similar a la mitad de la isla de Menorca y se encuentra en el mar de Bering, entre Alaska y Siberia. La acción se encomendó a un equipo de hombres que, junto con el material, también embarcaron 29 renos, los cuales, en caso de necesidad, servirían de alimento.

Al año siguiente, terminó la guerra y los hombres regresaron, pero los 29 renos quedaron abandonados en la isla. Gracias a un clima adecuado, una vegetación abundante y la ausencia de depredadores, los renos se aclimataron y comenzaron a reproducirse. Trece años después, en 1957, el biólogo Dave Klein, profesor emérito de la Universidad de

Alaska, visitó la isla y se dio cuenta de que los renos ya eran alrededor de 1.350, y en una nueva visita en 1963, Klein constató que el número de renos había aumentado hasta unos 6.000, pero para entonces habían agotado la vegetación y solo comían líquenes.

En una nueva visita en 1966, encontró una población de tan solo 42 renos, con un solo macho estéril, y huesos esparcidos por toda la isla. En 1980, los renos de la isla de Saint Matthew habían desaparecido completamente. Dadas las dimensiones, características y recursos de la isla de Saint Matthew, Klein estimó que la capacidad de carga de la isla era para una población de alrededor de 1.670 renos.

¿No nos hace reflexionar esta historia sobre el comportamiento de los humanos en la Tierra? ¿Podría ser que estemos viviendo una situación similar a la de los renos de la isla de Saint Matthew entre 1957 y 1966?

El nuevo paradigma de los recursos renovables

La etapa histórica basada en los grandes suministros de energía intensiva y concentrada proporcionados por los combustibles fósiles ha sido una gran oportunidad para el desarrollo de la humanidad. Sin embargo, al mismo tiempo, en una fase ya avanzada de esta etapa, hoy día empezamos a percibir sus dos grandes limitaciones: la alteración que la quema de los fósiles provoca en el clima y los primeros síntomas de la finitud de estos recursos.

La alternativa, al menos a corto plazo, es transitar hacia los recursos energéticos renovables, lo que significa volver a un presupuesto energético solar diario, lo suficientemente abundante para las necesidades humanas, pero mucho más disperso y menos intensivo.

A diferencia de otras transiciones energéticas anteriores, este retorno a las fuentes renovables halla una doble resistencia: por un lado, los ciudadanos de las sociedades más desarrolladas nos hemos vuelto adictos a las potencias elevadas y presentamos resistencia a su desescalada, y, por otro lado, la gran masa de la población mundial más pobre aspira a seguir el ejemplo de las sociedades ricas y quiere acceder a su tipo y nivel de desarrollo.

Transitar hacia las energías renovables requiere construir un nuevo paradigma de desarrollo (no de crecimiento) compatible con las características de las nuevas fuentes energéticas renovables. A continuación, se reflexiona sobre algunos de estos cambios.

Recursos de proximidad

En las civilizaciones preindustriales, la mayoría de los recursos y de la energía provenían de entornos de proximidad, dado el enorme esfuerzo que representaba el transporte, especialmente por tierra y a larga distancia. Con la energía intensa de los combustibles fósiles, extraídos del subsuelo sin prácticamente implicar superficie de territorio, el transporte ha permitido la globalización de la economía y la concentración de la mayor parte de la población en grandes ciudades.

Hoy día, la economía mundial depende del transporte, que, incluyendo los combustibles, los vehículos y las infraestructuras, consume alrededor de un tercio de todos los recursos energéticos del mundo.

Con la transición energética, la captación de energía renovable para el transporte vuelve a competir con otros usos del territorio, como los bosques, que regeneran la atmósfera, las tierras agrícolas, que proporcionan los alimentos, o los suelos, que sustentan los asentamientos urbanos y las infraestructuras.

Si los consumos energéticos actuales del transporte se traducen en requerimientos de superficie para captarlos, el resultado es desmesurado. Por ejemplo, la superficie de captación de energía necesaria para alimentar con hidrógeno los aviones que despegan del aeropuerto de Madrid requeriría más de 30.000 hectáreas de parques fotovoltaicos, casi una cuarta parte de la superficie que ocupa la metrópolis.

Por lo tanto, el nuevo paradigma energético hace que sea recomendable utilizar recursos de proximidad. Y, en todo caso, es necesario priorizar los modos y los medios de transporte menos consumidores de energía, como los sistemas colectivos, la bicicleta y los vehículos de movilidad personal en el transporte de viajeros, o el barco y el ferrocarril en el transporte de mercancías. También es necesario moderar el transporte de mercancías a domicilio en la última milla.

Usos y comportamientos

El carácter de *stock* de los combustibles fósiles nos ha acostumbrado a disponer de energía en todas partes y en todo momento, con el solo inconveniente del precio.

El nuevo sistema renovable se basará principalmente en fuentes intermitentes y aleatorias, las cuales generan energía eléctrica que debe utilizarse en el momento o almacenarse. La forma más eficiente de utilizar la electricidad es hacerlo en el mismo momento en el que se genera, ya que almacenarla es costoso en energía, inversiones, materiales y territorio, especialmente cuando se trata de grandes cantidades y a largo plazo.

Esto hace que sea recomendable pasar de la actual gestión de la oferta que realizan las compañías, gracias a la naturaleza almacenable de los fósiles, a una gestión de la demanda, que implica adaptaciones de los hábitos y costumbres de los usuarios (particulares y empresas), lo cual genera resistencias.

De la seguridad a la resiliencia

La seguridad consiste en protegerse contra los ataques exteriores, mientras que la resiliencia es la capacidad para reaccionar y adaptarse favorablemente ante las adversidades y los fallos. La seguridad es una actitud pasiva que tiene como objetivo protegerse, no caer, mientras que la resiliencia es una actitud activa que tiene como objetivo levantarse.

En las sociedades actuales, al amparo de los combustibles fósiles, ha habido una deriva excesiva hacia la seguridad a partir de criterios y disposiciones que cierran el paso a muchas posibilidades. En cambio, en el mundo cambiante de las nuevas energías renovables, lo más adecuado es trabajar con sistemas resilientes que abran las puertas a nuevas soluciones.

Por ejemplo, la resiliencia aumenta con sistemas reparables, sustituibles, con dispositivos que pueden ser operados a mano o con sistemas donde la información es accesible. Por el contrario, los dispositivos de complejidad no justificada, los sistemas cerrados o las tecnologías cautivas, además de ser soluciones no resilientes, son socialmente poco inclusivas, ya que impiden el acceso a mucha gente.

Las tecnologías

Las actividades industriales y de servicios implican materiales, energía, mano de obra y tecnología. El consumo directo de energía es importante, especialmente en los sistemas automatizados, pero la energía utilizada en la obtención de los materiales es, como se ha dicho, más de un tercio del total. Por lo tanto, el ahorro, el uso adecuado y la recuperación de los materiales son aspectos clave en la transición energética.

Por ejemplo, en la fabricación de marcos de puertas y ventanas nos hemos acostumbrado a usar perfiles de aluminio. ¿Es sensato utilizar este metal, que consume mucha energía y genera muchas emisiones durante su fabricación, en lugar de explotar los bosques y usar madera, que es un sumidero de CO_2?

En la nueva era de las energías renovables, será necesario desplazar la prioridad actual por la velocidad en los procesos (la potencia) hacia el ahorro de los recursos materiales y de energía (la eficiencia). Sin embargo, este aún no es el criterio dominante en los ámbitos productivos.

En los ámbitos tecnológicos se afirma que la digitalización y la electrificación son la base de la sostenibilidad futura. Sin embargo, recientemente, varias voces autorizadas han señalado la limitación que representan los materiales escasos en los sistemas microelectrónicos, como chips y teléfonos móviles, así como en los dispositivos de captura y almacenamiento de energía renovable: las placas fotovoltaicas, las máquinas de los aerogeneradores, las baterías de litio o las pilas de combustible para el hidrógeno.

Nuevas prioridades económicas

Nos dirigimos hacia una situación en la que, en lugar de continuar avanzando en un crecimiento económico conducido por las grandes compañías multinacionales, deberemos gestionar unos recursos energéticos menos intensivos y unos recursos materiales escasos en una Tierra finita. En consecuencia, en los países más desarrollados será necesario reducir una parte de los consumos actuales, procurando no perder calidad de vida, pero con una disminución de la comodidad y una mayor aportación de trabajo.

La economía oficial ha pasado por alto las externalidades y los impactos sobre el medio ambiente y se ha regido por los precios de la energía de los combustibles fósiles, excepcionalmente bajos hasta tiempos recientes. Los impactos de las minas y de los pozos suelen estar lejos de las ciudades, invisibles para la mayoría de la ciudadanía. En el sistema energético renovable, la economía deberá modificar algunas de sus premisas básicas. Será necesario planificar conjuntamente las actividades productivas intensivas en energía con los correspondientes sistemas de captación y almacenamiento de energía.

Por ejemplo, una fundición que ocupe una hectárea pero que consuma 25.000 MWh al año deberá prever la instalación de un parque fotovoltaico de unas 30 hectáreas o 4 aerogeneradores de 2,5 MW (diámetro de rotor de 100 metros). Si la actividad continúa funcionando con el calendario habitual, requerirá un almacenamiento estacional que puede duplicar la necesidad de inversión y de territorio.

Por otro lado, los tiempos de retorno habituales de las inversiones en la economía fósil son excepcionalmente cortos. En las actividades basadas en energías renovables, es necesario respetar los ritmos de la naturaleza, y los tiempos de retorno de las inversiones son necesariamente más largos. Lamentablemente, el criterio de los tiempos de retorno detiene muchas iniciativas.

Nuevas leyes y regulaciones

En la Declaración Universal de los Derechos Humanos (Naciones Unidas, 1948) y en las constituciones de los países se establecen derechos y deberes básicos. Sin embargo, muchos de estos derechos pueden convertirse en contradictorios entre sí y, para ordenar las situaciones y dar salida a los conflictos, se requieren leyes y reglamentos concretos. Por ejemplo, la propiedad de un suelo urbano no da derecho a hacer cualquier cosa en él, sino que las actividades de construcción deben someterse a las leyes urbanísticas.

La Agenda 2030 y los Objetivos de Desarrollo Sostenible (ODS, Naciones Unidas 2015) son una llamada a la acción y una guía para poner fin a la pobreza, proteger el planeta y mejorar las vidas y las perspectivas de las personas en todo el mundo desde la sostenibilidad económica, social y ambiental.

El cambio de paradigma que conlleva la transición energética a las fuentes renovables exige nuevas concreciones en los derechos y deberes enunciados en las constituciones para alinearlos con los requisitos de captación de energía y otras necesidades de la civilización posfósil.

Por ejemplo, en el nuevo paradigma energético renovable, las superficies de techos y tejados serán esenciales para la obtención de energía de kilómetro cero. Será necesario buscar fórmulas legales para que, ya sea directamente por parte de sus propietarios o por otros agentes y con las debidas compensaciones, estos techos y tejados se aprovechen para captar energía. También será necesario buscar fórmulas para que los terrenos aptos para cultivos se pongan en producción, especialmente en las zonas periurbanas.

De manera similar, será necesario desarrollar nuevas leyes, probablemente a escala internacional, para regular el uso de los recursos de los bosques y de los mares, así como la extracción, el uso y la recuperación de materiales basados en elementos escasos.

Opciones de transición energética

Los gases de efecto invernadero emitidos en cualquier lugar de la Tierra se dispersan en poco tiempo por toda la atmósfera y afectan a todas partes por igual. Por lo tanto, para evitar los efectos del cambio climático, se necesita una acción conjunta de todos los países del mundo.

El Grupo Intergubernamental sobre el Cambio Climático (Intergovernmental Panel on Climate Change, IPCC), creado por las Naciones Unidas en 1988, es una organización cuya misión es proporcionar a los ciudadanos del mundo y a sus gobernantes una opinión objetiva y científica sobre las emisiones de gases de efecto invernadero y el cambio climático, el análisis de sus impactos y riesgos, así como presentar opciones de respuestas posibles.

Los trabajos del IPCC se han acompañado de las Conferencias de las Partes (COP) entre los países de las Naciones Unidas, organizadas cada año desde 1995 con el objetivo de llegar a acuerdos. Los resultados más destacados han sido la puesta en marcha del Protocolo de Kioto y los Acuerdos de París en 2015 para reducir las emisiones de gases de efecto invernadero. Sin embargo, pocos países están cumpliendo con los acuerdos.

Por otro lado, mientras que el cambio climático requiere una acción a escala global, la transición energética a las fuentes renovables se puede llevar a cabo a instancias de cada país. La verdadera transición energética no consiste simplemente en desplegar energías renovables que se suman al sistema energético fósil, sino en sustituir progresivamente los combustibles fósiles por las energías renovables.

Una motivación genérica de todos los países para impulsar la transición energética es disminuir la emisión de gases de efecto invernadero. Sin embargo, en algunos países y regiones hay una segunda motivación: reducir progresivamente la dependencia de unos recursos energéticos (los fósiles) que hay que importar a unos precios en alza, hasta eliminarla, y disponer de un sistema energético basado en fuentes energéticas que se encuentran en el mismo territorio. En definitiva, es una cuestión de resiliencia que, entre otros países y regiones y de forma creciente, incide sobre Europa, Europa del Sur, España y muchas de sus regiones.

La figura 12 muestra de forma esquemática tres opciones de transición energética. La línea superior corresponde a la evolución de los usos de la energía (ligados a la evolución económica global de crecimiento o decrecimiento). La segunda línea corresponde a la contribución de los combustibles fósiles a la energía global, de tal manera que el área coloreada son las emisiones acumuladas. Por último, la línea inferior es la contribución de las energías renovables a la energía global.

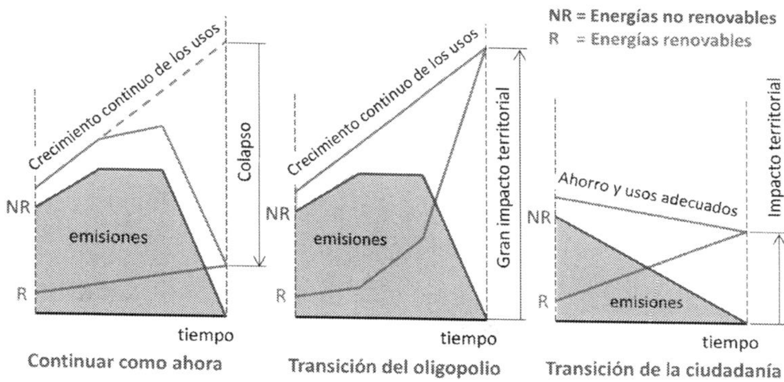

Figura 12. Esquemas de opciones de transición energética. Fuente: elaboración propia.

Las tres opciones de transición energética esquematizadas son las siguientes:

Continuar como hasta ahora (BAU, *business as usual*)

La demanda de energía sigue creciendo como hasta ahora con el sistema fósil, y la contribución de las fuentes renovables también continúa con un leve crecimiento como hasta ahora. Inicialmente, los combustibles fósiles cubren la demanda total, pero llega un momento en el que la producción de fósiles alcanza su cénit y, algún tiempo después, comienza el declive. Al final del período, las únicas fuentes de energía que cubren la demanda son las fuentes renovables, que han crecido a un ritmo lento.

Cuando se hayan quemado todas las reservas de fósiles hasta su agotamiento, se habrá emitido el máximo de gases de efecto invernadero (zona coloreada) y el cambio climático generado será el más severo posible; al mismo tiempo, la sociedad no estará preparada para el sistema energético alternativo y las expectativas de crecimiento serán frenadas por el agotamiento de los recursos.

Esta es una actitud colectiva suicida: se termina con un colapso de la civilización por falta de energía y se produce la peor versión del cambio climático.

Transición energética del oligopolio

La ciudadanía continúa delegando (como hasta ahora) la gestión de la energía (y la resolución de la crisis energética y climática) al monopolio energético. A este monopolio le interesa el crecimiento de los usos energéticos (más ingresos) y la explotación de los últimos fósiles, y está en contra de la participación de la ciudadanía en la generación para usos propios (menos ingresos).

En la primera etapa, el sistema evoluciona como en el caso anterior, pero a medida que los fósiles llegan a su cenit, la estrategia del oligopolio será desarrollar grandes implantaciones de renovables, que son el tipo de actuación que puede controlar.

En las etapas siguientes, para seguir cubriendo la demanda de usos (y, a la vez, hacer negocio con las energías renovables), fuerza un despliegue exagerado de instalaciones renovables, con impactos territoriales y ecosistémicos enormes.

El intento de articular una alternativa renovable sin disminuir los usos energéticos comportará una ingente elevación de los costos y un aumento de los sectores sociales con dificultad de acceso a la energía. Al mismo tiempo, el agotamiento de las reservas de fósiles también generará la peor versión del cambio climático (zona coloreada).

Transición energética de la ciudadanía

Presupone que, gracias a la participación de amplias capas de la población en la captación de parte de la energía para usos propios y en las comunidades energéticas locales, la ciudadanía comprende la situación, modera los consumos e impulsa desde el inicio un despliegue decidido de las energías renovables.

Los resultados son impactos menores sobre el territorio y los sistemas naturales y una versión más moderada del cambio climático (zona coloreada), que, no obstante, requerirá acciones de mitigación. Al mismo tiempo, la ciudadanía organizada contribuye al control del nuevo sistema energético y este, necesariamente distribuido, adquiere una mayor resiliencia.

Consideraciones finales

Dada la dirección de los últimos acontecimientos en el mundo, todo indica que la humanidad se dirige hacia el primer de los escenarios descritos. Después de la crisis financiera de 2008 y la crisis de la COVID en 2020, los países, especialmente los de ingresos más altos, han tratado de recuperar los niveles de consumo anteriores a las crisis y la preocupación por seguir creciendo. Por otro lado, en 2022, con la guerra abierta a causa de la invasión de Rusia a Ucrania, en lugar de orientar los últimos recursos fósiles a construir la nueva civilización basada en las energías renovables, se utilizan para el armamento, para matar personas y destruir el capital acumulado. En estas circunstancias, es necesario preguntarse cómo actuar desde nuestra situación y desde nuestro país. En este sentido, propongo las siguientes líneas de reflexión:

¿Qué hacer?

Es fundamental que continúen los estudios del Grupo Intergubernamental sobre el Cambio Climático (IPCC) y los acuerdos de las Conferencias de las Partes (COP) sobre el cambio climático, ya que, a pesar de los resultados migrados, son la única guía para todos los ciudadanos y países de la Tierra. Sin embargo, eso no es suficiente; es necesario que todos los países, organizaciones y ciudadanos aportemos nuestro grano de arena, cada uno a su nivel.

¿Cuál puede ser la contribución de nuestro país?

Propongo que la acción en nuestro país, tanto a nivel colectivo (institucional y organizativo) como a nivel individual, se centre en la transición energética hacia fuentes renovables y también en un cambio en las prácticas agrícolas y ganaderas, con una clara orientación hacia la autosuficiencia.

¿Cómo se justifica?

En primer lugar, porque estas acciones están dirigidas a sentar las bases para nuestro sustento futuro en un país que ha ido convirtiéndose cada vez más dependiente en importaciones fundamentales, como la energía o los alimentos. Es una contribución fundamental para nuestra resiliencia.

En segundo lugar, porque desde nuestra modesta capacidad de incidencia global, estas acciones son las que más pueden contribuir a evitar los peores efectos del cambio climático y pueden ser un ejemplo a seguir.

Y, finalmente, porque la nueva civilización basada en fuentes energéticas renovables no vendrá dada, sino que se tiene que construir. Esto significa ponerse en marcha, articular proyectos innovadores orientados al nuevo paradigma renovable, experimentar, evaluar y corregir.

¿Cómo debemos proceder?

Una cosa es establecer qué hacer y otra es cómo debemos proceder teniendo en cuenta las percepciones de la ciudadanía, los medios disponibles y las condiciones del entorno. En este sentido, aporto las siguientes reflexiones:

En primer lugar, la transición energética requiere el convencimiento y la participación de la ciudadanía, siendo fundamental el apoyo desde los diferentes niveles de las administraciones. En este sentido, es especialmente importante fomentar la captación de energía para usos propios (tanto de forma colectiva como individual), ya que, además de los efectos educativos, inicia un camino de participación en la construcción de la alternativa.

En segundo lugar, es necesario promover un consumo responsable de la energía desde el conocimiento de las implicaciones globales de nuestros consumos y comportamientos. En este sentido, será necesario inscribir la transición energética en un estilo de vida más frugal —que no significa de privaciones— en el cual se priorice la durabilidad de los bienes y su reciclabilidad.

Y, por último, quiero destacar que las inestabilidades sociales son contrarias a la transición hacia una sociedad sostenible. Dado que la transición energética hará desaparecer algunas actividades y creará otras, es necesario que los cambios sean dialogados y que se tengan en cuenta a los posibles perjudicados. La transición energética debe ir acompañada de programas de inclusión social, en cuya articulación debe tenerse presente la necesidad de una gran cantidad de trabajo para las transformaciones y el mantenimiento de los futuros sistemas renovables.

Coda

La cerveza y los envases

La cerveza es una bebida alcohólica producida a partir de la fermentación de cereales (normalmente, de granos de cebada) y aromatizada principalmente con lúpulo. La elaboración de la cerveza ha estado íntimamente ligada a la agricultura, y sus orígenes se pierden en la oscuridad de los tiempos en las culturas mesopotámica y egipcia. La primera referencia escrita sobre la cerveza se encuentra en la piedra de Hammurabi, del año 1760 antes de Cristo.

Históricamente, la cerveza ha tenido dos ventajas básicas: por un lado, ha facilitado un alimento con un uso de cereal más moderado que la elaboración del pan y, por otro lado, el alcohol producido en la fermentación del cereal ha desinfectado la bebida de la contaminación bacteriana.

Hoy en día, la cerveza es la segunda bebida después del té y la bebida alcohólica más difundida en el mundo: en 2019 se consumieron 1.750 millones de hectolitros (es decir, 175.000 millones de litros), lo que corresponde a un consumo medio per cápita de 22,5 litros al año.

	Millones de litros/año	% Mundo	Litros/ habitante/año
Mundo	**175.000**	**100,0 %**	**22,5**
China	43.300	26,6 %	29,0
Europa	36.000	22,1 %	72,5
Estados Unidos	23.900	14,7 %	72,7
Brasil	12.400	7,6 %	58,4
España	4.100	2,5 %	88,8

Tabla 16. Consumo de cerveza, 2019. Fuente: elaboración propia a partir de los balances alimentarios de la FAO.

La República Checa es el país que consume más cerveza per cápita en el mundo (140 litros/hab/año), Alemania se encuentra en cuarta posición (99,0 litros/hab/año) y España en la octava.

El proceso de producción de la malta y la fabricación de la cerveza consume una energía considerable y emite bastantes gases de efecto invernadero: los valores medios entre los procesos artesanales más consumidores y los industriales más ajustados son del orden de 0,62 kWh y 270 gCO_{2eq} por litro. Esto representa el 0,07 % de la energía y el 0,13 % de las emisiones mundiales.

Los envases de la cerveza

Antiguamente, la cerveza se suministraba poco después de ser elaborada. En el siglo XVIII, algunos cerveceros de la costa inglesa comenzaron a envasar la cerveza en botellas de vidrio para exportarla como producto de lujo. A mediados del siglo XIX, los cerveceros estadounidenses comenzaron a industrializar la cerveza embotellada, pero el tapón corona y su abridor no se patentaron hasta finales del siglo.

Las latas de cerveza no llegan hasta bien entrado el siglo XX, en 1935, primero fabricadas en acero con revestimiento interior y un peso de unos 100 gramos para 33 centilitros de cerveza, y, a partir de los años sesenta, fabricadas en aluminio, lo que permitió reducir progresivamente su peso hasta los 13 gramos de hoy en día. Además, una parte importante de la cerveza se suministra a bares y tabernas en barriles de 20 a 50 litros fabricados en acero inoxidable.

Podemos preguntarnos cómo inciden los envases de la cerveza en los balances energéticos y ambientales de su consumo. Se consideran las siguientes alternativas: lata de 33 centilitros de aluminio virgen; lata de 33 centilitros de aluminio reciclado; botella de 33 centilitros de vidrio no retornable; botella de 33 centilitros de vidrio reutilizable 25 veces; barril de 30 litros de acero inoxidable reutilizable 200 veces. En la tabla 17 se analizan los consumos energéticos y las emisiones de estos envases en función del material y de las opciones de reutilización y reciclaje.

			kWh/ envase	kWh/ litro	gCO_{2eq}/ envase	gCO_{2eq}/ litro
Lata	Aluminio	Virgen	0,75	2,25	165	495
		Reciclado	0,12	0,36	28	85
Botella	Vidrio	1 solo uso	0,70	2,10	135	405
		25 usos	0,70	0,085	135	16,2
Barril	Acero inoxidable	200 usos	42,00	0,007	19.800	3,3

Tabla 17. Consumo de energía y emisiones de los envases de cerveza. Fuente: elaboración propia.

Se observa que la energía y las emisiones de los envases de 33 cl son ligeramente superiores en la lata de aluminio virgen (0,75 kWh y 165 gCO_{2eq}) que en la botella de vidrio de un solo uso (0,70 kWh y 135 gCO_{2eq}). En ambos casos, la energía y las emisiones por 1 litro (tres envases) son de 3 a 4 veces superiores a las de la propia fabricación de la cerveza.

Si el aluminio es reciclado, estos valores se reducen en más de un 80 %, de donde surge la importancia energética y ambiental de no tirar latas en las cunetas o enterrarlas en vertederos. El reciclaje del vidrio no presenta una ventaja tan marcada como la del aluminio; sin embargo, establecer un sistema de reutilización de las botellas al menos 25 veces reduce los consumos energéticos y los impactos ambientales en esta misma cifra, aunque deben tenerse en cuenta los costes del retorno (son prácticamente nulos) y los costes de lavado. Finalmente, los costes energéticos y ambientales del suministro de la cerveza en barriles son muy reducidos en comparación con los anteriores.

Una persona que tome dos cervezas al día en latas de 33 cl y no las recicle, a través de los envases habrá consumido indirectamente al final del año unos 550 kWh (el 42 % del consumo promedio anual de electricidad de una persona en el hogar) y habrá emitido unos 360 $kgCO_{2eq}$.

Esta reflexión sobre los envases de la cerveza se puede extender a los envases de alimentos, productos de limpieza y similares. Más allá de que sus residuos constituyen un problema de primera magnitud, los envases van asociados a importantes consumos de energía y emisiones de gases de efecto invernadero. Conviene impulsar un programa de estudios imparciales y de ciclo de vida completo de los sistemas de envases (por ejemplo, a través de las universidades) y hacerlos públicos tanto para orientar a la ciudadanía sobre sus consumos como para indicar a los industriales las medidas que deberían implementar y para proporcionar a las administraciones bases sólidas para que establezcan regulaciones bien orientadas y eficaces.

Captación para usos térmicos

Cuando se habla de captación para usos propios (también denominada *autoconsumo*), normalmente se piensa en instalaciones fotovoltaicas y en la generación de electricidad.

En una ubicación como la de Barcelona, si se dispone de una superficie mínima de 5 m^2 de tejado bien orientado y sin sombras por persona, esta opción es razonable, ya que con paneles fotovoltaicos de una potencia de 200 Wp/m^2 y unas 1.400 horas efectivas de sol al año se obtiene una producción anual de 1.400 kWh, del orden del consumo promedio de una persona en un hogar.

La gestión de la electricidad obtenida (o sea, el acoplamiento entre la generación y el uso) se puede hacer a través de la red eléctrica en condiciones económicas poco favorables para los usuarios, o bien a partir de baterías (de 8 a 16 kWh por hogar), las cuales prácticamente duplican el costo de la instalación fotovoltaica.

En cambio, en los bloques de pisos de las ciudades densas, con terrazas en los áticos, servicios generales en las azoteas, orientaciones no siempre adecuadas y a menudo con sombras de otros edificios colindantes, las superficies para captación fotovoltaica son del todo insuficientes. Por ejemplo, para un bloque de 6 plantas, 4 viviendas por planta y 3 personas por vivienda (72 residentes) y los servicios generales del edificio (iluminación, ascensor, bombas), se necesitarían más de 150 m^2 de captación fotovoltaica en condiciones favorables.

Surge la pregunta siguiente: ¿por qué, en estos casos, no captar energía termosolar?

Las necesidades de energía térmica en los hogares son más elevadas que las eléctricas, fundamentalmente en tres usos: la cocina, la calefacción y el agua caliente sanitaria (ACS). Según el Instituto para la Diversificación y Ahorro de la Energía de España (IDAE), la energía para el agua caliente sanitaria en los edificios de bloques de las zonas mediterráneas templadas (principalmente, gas natural para la ducha diaria) es el 26,7 % de todos los consumos energéticos de los hogares, más que la calefacción y un poco menos que el conjunto de los electrodomésticos.

Con 0,6 m^2 de captadores termosolares por persona, es factible obtener a lo largo del año el 70 % del agua caliente sanitaria (30 litros diarios a 45 °C por persona). Volviendo al edificio indicado anteriormente, con unos 45 m^2 de captadores sería suficiente, y la energía térmica captada es entre 3,5 y 4,5 veces la energía eléctrica que se obtendría con la misma superficie de paneles fotovoltaicos. Las instalaciones tan solo deben cumplir con el Reglamento de Instalaciones Térmicas de los Edificios (RITE) y no están sujetas a permisos de conexiones a la red, como en el caso de la energía fotovoltaica.

El depósito de agua caliente es a su vez un acumulador térmico que resuelve el almacenamiento diario y de corta duración sin costos adicionales; sin embargo, será necesario mantener las resistencias eléctricas o los quemadores para cubrir el restante 30 % del agua caliente sanitaria, especialmente durante los meses de invierno. El agua calentada con energía solar también se puede utilizar en las lavadoras y lavavajillas, que consumen el 90 % de la energía eléctrica para calentar el agua; no obstante, es necesario adaptar las instalaciones y las máquinas con una doble entrada de agua y sensores para controlar las temperaturas.

En la industria y los servicios hay numerosos procesos que requieren agua caliente o vapor de agua. Las instalaciones de captación termosolar pueden proporcionar ahorros de energía muy considerables en estos procesos y reducir o eliminar el uso de combustibles fósiles (gas natural o derivados del petróleo). Con aceite térmico como fluido portador, los captadores concentradores pueden alcanzar temperaturas de cerca de 400 °C, pero requieren un sistema de seguimiento solar, generalmente de un solo eje.

La transición energética implica ir sustituyendo los combustibles fósiles por energías renovables, aunque sea de forma parcial. La experiencia y la superación de los errores irán conduciendo hacia las soluciones renovables futuras.

La madera, sumidero de CO_2

La transición energética hacia fuentes renovables requerirá la implementación de un gran número de instalaciones de energías renovables. La energía solar, tanto en sistemas termosolares como fotovoltaicos, será la más accesible en todo nuestro país.

Recientemente se han publicado diversas perspectivas sobre la transición energética según varios criterios, como la evolución de los consumos, la distribución entre captaciones solares y eólicas, u otras circunstancias. Entre ellas se encuentran *Cataluña. Aproximación a un modelo energético sostenible* de Eduard Furró (2016), en la que se priorizan los captadores solares (termosolares y fotovoltaicos) con una previsión de 72.000 MW, y *Proencat 2050*, elaborada por la Generalitat de Catalunya (2022), que otorga un mayor peso a la energía eólica y prevé la necesidad de 33.000 MW de captación fotovoltaica.

Un documento de la Comisión Europea de 2020 detalla que las estructuras tradicionales de soporte de los parques fotovoltaicos requieren unas 200 toneladas de materiales por MW instalado, de las cuales 70 son de hormigón, 60 de acero, 45 de vidrio, 9 de plásticos y 7,5 de aluminio. En conjunto, la fabricación de estos materiales consume 1.250 MWh de energía por cada MW instalado y emite 400 toneladas de CO_2.

Suponiendo que la transición energética de Cataluña requiera 50.000 MW de fotovoltaica (un valor intermedio entre las dos estimaciones anteriores), los soportes de los paneles (hormigón, metales, vidrio) requerirán 9,8 millones de toneladas de materiales, 63,2 millones de MWh de energía y emitirán 19,7 millones de toneladas de CO_2, de los cuales corresponden a acero más aluminio 40,0 millones de MWh y 10,1 millones de toneladas de CO_2.

En este punto, surge la siguiente pregunta: ¿por qué no sustituir el acero y el aluminio por madera?

Para evaluar esta alternativa, hemos establecido la hipótesis de que el peso de la madera necesaria para la estructura de soporte es el mismo que el del acero y aluminio que reemplaza. Debido a la baja densidad de la madera, los elementos estructurales son más dimensionados y compensan la menor resistencia del material. Partiendo de esta hipótesis, la obtención de la madera necesaria (tala, transporte, tratamientos) implicaría un consumo energético de 12,6 millones de MWh y emisiones de 1,6 millones de toneladas de CO_2, valores mucho más favorables que los del acero y el aluminio que reemplaza.

Pero aún hay más ventajas. Mientras crecen, los árboles absorben CO_2 de la atmósfera, el cual permanece durante muchos años en la madera (a diferencia de cuando los troncos se utilizan como leña). La madera es, por lo tanto, un sumidero de carbono, que, en este caso, absorbe -8,4 millones de toneladas de CO_2.

Resumiendo, el acero y el aluminio de las estructuras de los parques solares a instalar en Cataluña consumirían 40,0 millones de MWh y emitirían 10,1 millones de toneladas de CO_2, mientras que la madera que los sustituiría consumiría 12,6 MWh de energía (3,2 veces menos) y sería un sumidero de CO_2 de -6,8 (= 1,6 - 8,4) millones de toneladas (diferencia global de -16,9 millones de toneladas de CO_2 respecto a los metales).

Bajo el nombre de SOLARFUSTA, el Colectivo para un nuevo modelo energético y social sostenible (CMES) ha presentado esta propuesta al Centre de Ciència i Tecnologia Forestal de Catalunya con sede en Solsona. El proyecto ha sido muy bien recibido y está en fase de estudio (variedades arbóreas, soluciones constructivas) para ser presentado al gobierno de la Generalitat.

También se podría explorar la sustitución o la reducción de otros materiales de las estructuras de soporte de los paneles solares, como el hormigón o los plásticos. Hay investigaciones en curso con el fin de obtener láminas de madera transparente para reemplazar los vidrios.

Esta argumentación y estos cálculos sobre el uso de la madera en lugar del acero, el aluminio u otros materiales intensivos en energía pueden extenderse a otras aplicaciones. En las últimas décadas, se ha generalizado el uso del aluminio en puertas, ventanas y paramentos de los edificios, cuando siempre habían sido de madera. Hoy en día, las maderas contralaminadas y los tratamientos de protección proporcionan materiales perfectamente adecuados para estas aplicaciones y, al mismo tiempo, constituyen sumideros de CO_2. El trabajo de la madera podría convertirse nuevamente en un sector en expansión que genere nuevos puestos de trabajo.

En otro orden de cosas, la explotación de la madera, mucho más rentable que la leña, facilitaría la gestión de los bosques progresivamente abandonados desde la aparición de los combustibles fósiles, los cuales se están convirtiendo cada vez más en un grave peligro ante el cambio climático y los incendios de sexta generación.

Las emisiones en la movilidad y el transporte

La movilidad de las personas y el transporte de mercancías, junto con los vehículos y las infraestructuras necesarias, consumen más del 30 % de la energía y causan más del 30 % de las emisiones de gases de efecto invernadero en el mundo.

El uso de los hidrocarburos fósiles en la movilidad y el transporte es una fuente difusa de emisiones contaminantes que genera dos tipos de efectos perniciosos: a) contribuye al cambio climático (de alcance planetario) debido a las emisiones de CO_2 y otros gases de efecto invernadero intrínsecos a su combustión, y b) genera contaminación (de efecto local) debido a los óxidos nitrosos, los compuestos sulfurosos y las micropartículas, que tienen efectos especialmente perjudiciales para la salud de las personas en las grandes conurbaciones.

Ante esta situación, las administraciones de diversos países han comenzado a implementar una serie de medidas destinadas a disminuir las emisiones y la contaminación, entre las cuales se encuentran diferentes modalidades de impuestos, restricciones en zonas de bajas emisiones y el fomento de la movilidad eléctrica, medidas que probablemente serán las más difíciles de la transición energética.

Para evaluar las diferentes alternativas, es necesario adoptar un punto de vista amplio. La tabla 18 analiza los usos energéticos y las emisiones de forma conjunta tanto en la fabricación del vehículo (y la batería en los vehículos eléctricos) como en la obtención de los vectores energéticos (carburantes o electricidad) que lo impulsan.

	Energía (kWh)	Emisiones ($kgCO_{2eq}$)
Motor térmico (consumo 6,5 litros gasolina/100 km)		
Fabricación	25.000	6.000
Carburante	160.000	38.200
Total	**185.000**	**44.200**
Motor térmico (consumo 6,5 litros gasolina/100 km)		
Fabricación vehículo	20.000	5.300
Fabricación batería	14.000	6.000
Total fabricación	34.000	11.300
Electricidad (renovable)	42.800	0
Electricidad (mix España)	68.400	17.100
Electricidad (mix China)	76.200	40.400
Total vida (renovable)	**76.800**	**11.300**
Total vida (mix España)	**102.400**	**28.400**
Total vida (mix China)	**110.200**	**51.700**
Fabricación de la batería: 280 kWh/kWh (batería); 120 $kgCO_{2eq}$/kWh (batería); relación energía primaria/ /electricidad: mix España, 2,28; mix China, 2,54. Emisiones por kWh eléctrico: España, 0,25 $kgCO_{2eq}$/ KWh; China, 0,53 $kgCO_{2eq}$/KWh.		

Tabla 18. Comparación entre automóvil térmico y eléctrico (vida de 200.000 km). Fuente: elaboración propia.

Normalmente, los vehículos eléctricos se califican como "cero emisiones", pero esto no es del todo cierto. Si bien cuando circulan no emiten CO_2 ni generan la contaminación de los vehículos térmicos, cuando se amplía el campo de visión y se incluye la fabricación del vehículo y la obtención de los carburantes y de la electricidad, las cosas cambian.

La tabla 18 muestra que la fabricación de un vehículo térmico consume alrededor de 25.000 kWh de energía y genera unas emisiones de aproximadamente 6.000 $kgCO_{2eq}$ (más de 4 veces el peso del vehículo). Después, durante una vida de 200.000 km, consumirá 160.000 kWh de carburante y emitirá 38.200 $kgCO_{2eq}$. Los consumos y emisiones durante su uso son la parte principal.

En cambio, en el vehículo eléctrico, los impactos energéticos y ambientales de la fabricación son significativamente más altos (34.000 kWh y 11.300 $kgCO_{2eq}$), cuando se incluye la fabricación de una batería de 50 kWh, y pueden superar los del propio vehículo con una batería de 100 kWh.

Durante el uso, es necesario analizar el mix eléctrico de donde se alimenta el vehículo: si fuera 100 % renovable (y obviando las infraestructuras de captación), las emisiones serían cero; en el mix energético español, con una proporción elevada de renovables, las emisiones asociadas a la obtención de la electricidad (0,25 $kgCO_{2eq}$/kWh) serían 17.100 $kgCO_{2eq}$, el 44,7 % de las del combustible del motor térmico, y en el mix energético chino, basado fundamentalmente en el carbón (0,53 kgCO_{2eq}/kWh), las emisiones serían 40.400 kgCO_{2eq}, superiores a las del combustible que sustituye.

Siguiendo un hilo argumental similar, si se sustituye un vehículo térmico viejo con un índice de emisiones de 150 gCO_{2eq}/km por un vehículo térmico nuevo de 100 gCO_{2eq}/km, sería necesario que este recorriera más de 120.000 km para reducir las emisiones que habría generado el vehículo viejo. Además, es importante recordar que un automóvil de alrededor de 1.400 kg contiene, en término medio, 780 kg de acero y materiales férricos, 160 kg de plásticos, 130 kg de aluminio, 100 kg de caucho y elastómeros, 45 kg de vidrio y 185 kg de otros materiales; desguazar un automóvil aún operativo constituye una pérdida de materiales, energía y emisiones que debe evaluarse.

¿Por qué no desarrollar, entonces, una potente industria de *retrofit* (actualización o reacondicionamiento) de los vehículos con un cambio del motor térmico por uno eléctrico con baterías? A partir de kits industrializados y certificados, sería una nueva oportunidad para los fabricantes de vehículos y los talleres de reparación, al mismo tiempo que también daría lugar a un ahorro significativo en materiales, energía y emisiones en un contexto de grave crisis energética y climática.

La electrificación de la movilidad y del transporte es necesaria, pero, para ser climáticamente efectiva, es necesario descarbonizar la generación de electricidad y también los procesos de fabricación de los vehículos y de construcción de las infraestructuras. En cualquier caso, en toda transformación de los sistemas de movilidad y transporte es necesario asegurar que se avanza hacia una alternativa eficiente y libre de emisiones.

Los agrocorburantes son ineficientes

Los agrocarburantes se destinan a alimentar los motores térmicos de los vehículos y se obtienen a partir de cultivos energéticos a gran escala, como la caña de azúcar, el maíz o el aceite de palma. Para la industria automotriz, tienen el atractivo de permitir continuar explotando los enormes beneficios de las inversiones realizadas en el desarrollo y las cadenas de fabricación de las motorizaciones térmicas. Sin embargo, en el lado negativo, están los conflictos con los cultivos para alimentos y los impactos ambientales de la deforestación y la agricultura industrializada.

Las políticas de incentivo de los cultivos energéticos y el uso de agrocarburantes son un gran error en términos energéticos y ambientales. En este sentido, se ha argumentado lo siguiente:

1. Ahorro energético y emisiones escasos. Los consumos de energía (y las emisiones) para producir los agrocarburantes (fertilizantes,

pesticidas y maquinaria en la etapa de cultivos, el refinado en la etapa industrial y los transportes asociados) son muy significativos y, en algunos casos, pueden llegar a ser tanto o más elevados que los de los fósiles. Esto se traduce en valores bajos de la tasa de retorno energético (TRE, EROI en inglés), que oscilan entre 1 y 4. En el mejor de los casos, la producción de agrocarburantes se sitúa en el límite de la sostenibilidad.

2. Conflicto con los alimentos. Los cultivos mundiales de agrocarburantes ya ocupan una superficie como España (50 millones de hectáreas, el 3,2 % de las tierras de cultivo), pero producen tan solo el 2,2 % de los carburantes líquidos. Con el fin de reducir la dependencia del petróleo importado, Estados Unidos ha potenciado la producción de etanol derivado del maíz, lo cual ha hecho aumentar los precios internacionales del maíz. A causa de la especulación, en 2007 estalló en México el conflicto de las tortillas, elemento básico de la dieta mexicana que se prepara con maíz. Las tierras de cultivo deben reservarse para producir alimentos.
3. Deforestación. Aunque en los años 2000 los agrocarburantes eran considerados como una de las soluciones al cambio climático, estudios posteriores han mostrado que, debido a la deforestación y a los cambios de uso del

suelo, pueden ser la causa de la emisión de tantos gases de efecto invernadero o más que el uso de los mismos combustibles fósiles. La deforestación vinculada a los agrocarburantes consumidos en Europa ha dado lugar a pérdidas de biodiversidad y a conflictos laborales y de derechos indígenas en lugares tan lejanos como Indonesia, Brasil o África. Es necesario detener la producción de agrocarburantes para revertir la deforestación.

Pero más allá de las consideraciones anteriores, hay un motivo aún más básico para desterrar radicalmente la producción de agrocarburantes, y es la bajísima densidad de potencia de esta forma de captación de energía. Como hemos visto en el capítulo 4, la densidad de potencia de la biomasa (bosques y cultivos) es del orden de 20 veces inferior a la captación fotovoltaica, como evidencia la figura 7 y detalla la tabla 19.

	Litros/ha/año	MWh/ha/año
Bioetanol		
Maíz	3.790	22,4
Caña de azúcar	6.100	36,1
Biodiésel		
Colza	1.280	11,6
Aceite de Palma	5.500	50,0
Fotovoltaica		900,0

Tabla 19. Comparación de la captación de energía con agrocombustibles y fotovoltaica. Fuente: FAO.

Además, es necesario tener en cuenta que la energía captada en forma de agrocombustibles se aplica a motores térmicos con rendimientos entre el 20 % y el 35 %, mientras que la energía fotovoltaica se acumula en una batería y se aplica a un motor eléctrico con un rendimiento global del orden del 70 %. Así, en términos de kilómetros recorridos, la captación fotovoltaica por hectárea es entre 60 y 80 veces más eficiente que los cultivos de agrocombustibles.

Por lo tanto, desde un punto de vista de requerimientos territoriales, es mucho más eficaz obtener la energía para el transporte a partir de sistemas fotovoltaicos o eólicos que hacerlo a partir de cultivos energéticos. Sin embargo, en la medida en que sea posible, tiene sentido producir biocarburantes a partir de la revalorización de residuos agrícolas, domésticos o industriales.

Lecturas recomendadas

BALIAN, R. (2002), *Les multiples visages de l'énergie. Physique fondamentale et énergétique.* http://culturesciencesphysique.ens-lyon.fr/ressource/Energie_Balian.xml

BP (2023), *Statistical Review of World Energy 2022.* https://www.bp.com/content/dam/bp/business-sites/en/global/corporate/pdfs/energy-economics/statistical-review/bp-stats-review-2022-full-report.pdf

CDIAC (2023), *Fossil-Fuel CO2 Emissions.* Carbon Dioxide Information Analysis Center. https://cdiac.ess-dive.lbl.gov/trends/emis/meth_reg.html

CENTELLES I PORTELLA, J. (2015), *Cap al 100% renovable. Reflexions sobre la transició energètica i la seva governança.* Editorial Octaedro, Barcelona.

CMES (2019), *Reduir les emissions de la mobilitat.* Col·lectiu per a un nou model energètic i social sostenible (CMES). https://cmes.cat/documents-aprovats/reduir-les-emissions-de-la-mobilitat/

CMES (2023), *Transició energètica i territori (projecte TEiT). Conclusions generals.* CMES, CERE, ÀRB, CECBLL, PEO, CERIb i CES. Vic, 12 de febrer de 2023. www.cmes.cat

Cook, E. (1976), *The Flow of Energy in an Industrial Society.* Scientific American, setembre de 1971.

Demographia (2022), *Demographia, World Urban Areas, 18th Annual, 2022.* http://www.demographia.com/db-worldua.pdf

FAO (2011), *Energy-Smart Food for People and Climate.* FAO (Organització de les Nacions Unides per a l'Agricultura i l'Alimentació), Roma.

FAO (2011), *Global Food Loses and Food Waste.* FAO (Organització de les Nacions Unides per a l'Agricultura i l'Alimentació), Roma.

FAO (2023), *Balanços alimentaris.* FAO (Organització de les Nacions Unides per a l'Agricultura i l'Alimentació), Roma. https://www.fao.org/faostat/es/#data/FBS

Furró i Estany, E. (2016), *Catalunya. Aproximació a un model energètic sostenible.* Editorial Octaedro, Barcelona.

Furró i Estany, E. (2019), *La transformació del sistema energètic. Recursos, raons i eines.* Editorial Octaedro, Barcelona.

Govern de Catalunya (2022), *Prospectiva Energètica de Catalunya 2050 - Proencat 2050.* Generalitat de Catalunya. https://govern.cat/govern/docs/2022/02/04/13/14/3be61c8e-6048-4495-86be-c7b0b126158c.pdf

Globalfirepower (2023), *Global Firepower 2023.* https://www.globalfirepower.com

IDAE (2011), *Proyecto SECH-SPAHOUSEC. Análisis del consumo energético del sector residencial en España. Informe final.* IDAE (Instituto para la Diversificación y Ahorro de la Energía), Madrid. https://www.idae.es/uploads/documentos/documentos Informe SPAHOUSEC ACC f68291a3.pdf

IEA (2023), *Energy Balances.* Agència Internacional de l'Energia, París. https://www.iea.org/data-and-statistics/data-tools/energy-statistics-data-browser?country=WORLD&fuel=Energy%20supply&indicator=TESbySource

JACKSON, T. (2009), *Prosperity without Growth. The transition to a sustainable economy.* Sustainable Development Commission. https://www.sd-commission.org.uk/data/files/publications/prosperity_without_growth_report.pdf

JACKSON, T. (2017), *Prosperity without Growth. Foundations for the Economy of Tomorrow.* Taylor & Francis.

MCGLADE, C., EKINS, P. (2015), *The Geographical distribution of Fossil Fuels Unused when Limiting Global Warming to 2 °C.* Nature 517, p. 187-190.

MEADOWS, DONELLA H., MEADOWS D. L., RANDERS, J., BEHRENS, W. W. (1972), *The Limits to Growth.* Club de Roma, publicat pel MIT (Massachusetts Institute of Technology).

MONTERO HOMS, S. (2013), *El ferrocarril, el medio de transporte del siglo XXI.* Editorial Doblerre.

NU (1987), *Informe de la Comisión Mundial sobre el Medio Ambiente y el Desarrollo* (també conegut com a Informe Brundtland), Nacions Unides, Nova York. https://sustainabledevelopment.un.org/content/documents/5987our-common-future.pdf

NU (2015), *Objectius de desenvolupament sostenible*, Nacions Unides, Nova York. https://www.un.org/sustainabledevelopment/es/

NU (2015), *Acords de París*, Conferència de les Parts, Convenció Marc de les Nacions Unides sobre el Canvi Climàtic (COP 25), Nacions Unides, París. https://unfccc.int/sites/default/files/spanish_paris_agreement.pdf

OCDE (2023), *Detailed annual transport statistics*, OCDE (Organització de Cooperació i Desenvolupament Econòmic), París. https://stats.oecd.org/Index.aspx?DataSetCode=ITF_CQ

Pujol Soler, J., Riba Romeva, C. (2019), *La transició a les renovables. Cap a una energia social i solidària*. Pol·len Edicions, Barcelona.

Ramankutty, N., Foley, J. A. (1999), *Estimating Historical Changes in Global Land Cover: Croplands from 1700 to 1992*. Global Biogeochemical Cycles, 13, p. 997-1027. Taylor & Francis.

Riba Romeva, C. (2011), *Recursos energètics i crisi. La fi de 200 anys irrepetibles*. Iniciativa Editorial Politècnica, Universitat Politècnica de Catalunya. https://upcommons.upc.edu/handle/2117/12972

Nova edició en català i castellà, (2012) Editorial Octaedro, Barcelona

Riba Romeva, C. (2021), *Itinerari energètic integral. Obtenció d'energia útil en un sistema renovable.* Editorial Octaedro, Barcelona.

Riba-Sanmartí, G., Riba-Romeva, C. (2021), *Transición energética y grandes ciudades.* Revista CienciAmérica, vol. 10, núm. 3.

Riba-Sanmartí, G., Riba-Romeva, C. (2022), *Transición energética y la sostenibilidad de las grandes ciudades.* Revista CienciAmérica, vol. 11, núm. 2.

Sans Rovira, R., Pulla Escobar, E. (2014), *El col·lapse* és *evitable. La transició energètica del segle XXI (TE21).* Editorial Octaedro, Barcelona.

Sempere, J. (2018), *Las cenizas de Prometeo. Transición energética y socialismo.* Ediciones de Pasado y Presente, Barcelona.

Smil, V. (2010), *Power Density Primer: Understanding the Spatial Dimension of the Unfolding Transition to Renewable Electricity Generation.* https://www.vaclavsmil.com/wp-content/uploads/docs/smil-article-power-density-primer.pdf

UNIVERSITAT POLITÈCNICA DE CATALUNYA (2017), *Claus per a un nou paradigma energètic.* https://www.upc.edu/ca/sala-de-premsa/pdfs/tme-upc-2017-10-claus-per-a-un-nou-paradigma-energetic.pdf

USCB (2023), *Historical Estimates of World Population.* United States Census Bureau. https://www.census.gov/data/tables/time-series/demo/international-programs/historical-est-worldpop.html

USGS (2023), *Commodity Statistics and Information.* United States Geological Survey. https://www.usgs.gov/centers/national-minerals-information-center/commodity-statistics-and-information

VALERO, ANTONIO, VALERO, ALICIA (2021), *Thanatia. Los límites minerales del planeta* (entrevistats per Adrián Almazán). Icaria Editorial, Barcelona.

VILA, J. (2021), *Economia del canvi climàtic. Full de ruta cap a la societat frugal.* Icaria Editorial, Barcelona.

WORLD BANK (2023), *Population, total.* https://data.worldbank.org/indicator/SP.POP.TOTL
GDP (current US$). https://data.worldbank.org/indicator/NY.GDP.MKTP.CD

Títulos de la colección *Una Inmersión Rápida:*

1. China moderna
2. Sexo
3. Trastornos del cerebro
4. Keynesianismos
5. Progresismo
6. Igualdad
7. Referéndums
8. Des-extinciones
9. Populismos
10. Libertad
11. La Química en la Cocina
12. El Corán
13. Urbanismo
14. La Biblia
15. Cosmos
16. Libertad de expresión
17. Superbacterias
18. Felicidad
19. El Tribunal de Estrasburgo
20. Cultura judía
21. Cine y política
22. Fascismo
23. Jazz
24. Aristóteles
25. La Revolución Francesa
26. No-violencia
27. Derecho de reunión y de manifestación
28. Derechos civiles
29. Ansiedad
30. El olor
31. Dietas
32. Migración internacional
33. Género
34. Feminismo
35. Arquitectura moderna y ciudad
36. Constitucionalismos
37. Autismo
38. Religiones
39. El sentido de la vida
40. Belleza
41. Energías renovables
42. Energía